방귀학 개론

방귀학 개론

"세상 진지한 방귀 교과서"

스테판 게이츠 지음 | 이지연 옮김

해나무

차례

들어가는 말

사연 없는 방귀는 없다

안녕하세요? 약간 긴장되면서도 많이 기대되시죠? 네, 네. 제가 잘 압니다. 이제 우리는 놀라운 모험을 떠날 겁니다. 우리의 신체가 얼마나 아름답고, 기막히게 복잡하며, 숨이 멎을 만큼 창의적인지 알아볼 겁니다. 우리 몸속에 살고 있는 수조 개의 작은 생명체들이 쉴 새 없이 무슨 일을 그렇게 해대는지, 진화가 얼마나 위대한 승리인지 이야기할 거예요. 음식에 관한 모든 걸 다룰 겁니다. 지독하게 뜨거운 태양의 플라스마에서 탄생한 생물학과 물리학, 화학의 결정체가 광합성을 통해 변신하고, 생화학을 통해 몸이 되고, 신진대사를 통해 살이 되고, 기쁨과 고통, 감각 지각, 사랑, 죄책감, 창피함을 통해 인간이 되는 이야기를 할 거예요.

하지만 잠시 감탄이 절로 나오는 과학으로부터 한 발 물러

나 봅시다. 왜냐하면 과학은 우리를 신경 쓰지 않으니까요. 과학은 그냥 **있는 그대로** 존재할 뿐입니다. 그 어떤 도덕적 기준이나 의무감도 없이 그냥 우리를 만들어내서 팩트fact로 지어진 세상에 발가벗겨 던져놓았습니다. 그래도 우리에게는 그런 팩트를 초월한 것들이 있습니다. 자아에 대한 자각, 추상적인 사고 능력, 사랑하고 미워하고 신뢰하고 즐길 수 있는 능력, 그리고 멋대로 삐져나오는 방귀를 뀌었을 때 창피함을 느낄 수 있는 능력 같은 것들 말입니다.

인간으로 산다는 것은 존재에 대한 혼란스러운 정서적 자각과 과학적 지식 사이에서 우리를 헤매게 만듭니다. 그래서 방귀가 전율을 일으키는 것이죠. 무신경한 과학이라는 놈을 붙잡아서, 우린 널 이해할 수 있다고 큰 소리로 외칠 수 있으니까요. 과학이 주는 것을 그대로 받아들이고, 손가락에 걸어 빙빙 돌린 다음, 가끔 그냥 튕겨서 날려버리면 그만입니다.

방귀란 냄새는 좀 나지만 인류가 내지르는 영광스러운 비명입니다. 우리가 생명을 품고 있고, 살아 있으며, 결함이 있고, 복잡하고, 자각하는 존재임을 목청껏 선언합니다. 과학이 만들었으나 과학을 극복했고, 한편으로는 본성을 억제하라는 사회의 요구에 발목이 잡혀 있으면서도 다른 한편으로는 반항하고 싶은 욕구에 의해 자유인이 되는 존재라고 말합니다. 불결하면서도 깨끗하고, 발칙하면서 더럽고, 지극히 세속적이고, 유기적이면서 복잡하며, 달콤하면서도 고약한 냄새를 풍기는 방귀는 우리가 정말로 아름다운 존재임을 증명합니다. 이보다 더 아름다울 수가 있을까요?

시인 앤드루 마블Andrew Marvell은 이런 시를 썼습니다.

우리의 모든 힘과 다정함을 뭉쳐
공 하나로 만들어봅시다.
그리고 생生의 강철 문을 통해
한바탕 싸움으로 우리의 기쁨을 터뜨려 버립시다.

그가 하려고 했던 말은 아마 이런 걸 겁니다. **당신의 몸을 알고 방귀를 사랑하라.**

방귀는 방귀다

먼저 한 가지 짚고 넘어가겠습니다. 방귀는 방귀입니다. 만약 이 책이 장내 가스에 관한 의학서였다면 애기, 발산, 둔부 같은 단어로 가득했겠지만, 이 책은 그런 책이 아닙니다. 이 책은 방귀와 냄새, 엉덩이에 관한 대중적인 과학서입니다. 여러분을 완전히 매료시키고, 놀라운 인체와 사랑에 빠지게 하고, 과학에 대한 관심을 환기하도록 기획된 책입니다. 이런저런 전문용어도 불쑥불쑥 등장하긴 하겠지만, 더 분명하고 쉽고 재미있게 전달할 수만 있다면, 저는 기꺼이 방귀는 방귀라고, 엉덩이는 엉덩이라고, 그리고 필요하다면 항문이 아니라 똥구멍이라고 표현하겠습니다.

이 책은 방귀에 대한 유머책이 아닙니다(여러분이 찾는 책이 그런 책이라면 시중에 많이 나와 있을 겁니다). 이 책은 다음과 같은 세 가지 분명한 목적을 가진 **매혹적인** 책입니다.

1. 과학을 사랑하게 만든다.
2. 방귀를 뀌는 것이 얼마나 이로운 행동인지 설명하여 방귀를 참느라 신체적, 사회적으로 불편을 느끼지 않게 한다.
3. 웃음 짓게 한다.

왜 저냐고요?

제가 방귀를 좀 많이 뀝니다. 아직도 방귀를 뀔 때면 약간 창피함을 느끼지만, 그러지 않으려고 노력 중입니다. 저는 과학을 아주 좋아하고요, 특히 음식과 관련된 과학을 좋아합니다. 저는 음식 마니아이고, TV 진행자이고, 음식과 과학에 관한 이야기를 자주 합니다. 직원 몇 명과 함께 전 세계를 돌며 무대 공연도 펼치고 있어요. 복잡한 과학을 아주 매력적이고 폭발적이고 혐오스럽게 만들기도 하죠. 저는 인간의 지방을 요리 재료로 쓰려고 지방 흡입술을 받은 적도 있고, 캡슐형 내시경을 삼키고, MRI 스캔과 위 내시경도 받았습니다. 저는 제 방귀를 정말 좋아합니다. 여러분도 그렇게 되시길 바랍니다.

의료 고지

이 책은 절대로 의학 서적이 아니며, 과민성 대장 증후군 같은 위장 장애로 고생하는 분들(심심한 위로의 말씀을 전합니다)께

조언을 제공하는 책도 아닙니다. 그런 목적으로는 의사 선생님과 상담하시기 바라며, 이 책에 적힌 그 어떤 내용도 치료법이나 해결책이라고 생각하지 마십시오.

과학 출처

상대적으로 방귀에 관해서는 과학적 문헌이 많지 않을 뿐더러, 연구 규모나 방법상 차이로 인해 서로 모순되는 내용도 많습니다. 저는 정확한 내용을 싣기 위해 소화기내과 연구진과 협업하였고, 서로 다른 연구 결과들까지 함께 고려하려고 노력하였으나, 여러분께서 방귀에 관해 발견한 새로운 내용이 있다면 얼마든지 들을 준비가 되어 있습니다.

Chapter 01
방귀 화학

기초의 기초: 방귀가 뭘까?

누구나 방귀를 뀝니다. 이는 전적으로 자연스럽고 건강한 소화 과정의 일부입니다. 일반적인 사람은 하루에 10번에서 15번 정도 방귀를 뀌고, 그렇게 만들어내는 가스가 평균 1.5리터 정도 됩니다. 밤에는 방귀를 적게 뀌고 밥을 먹기 시작하면 방귀를 더 많이 뀌는데 위의 반사작용으로 대장에 시동이 걸리기 때문입니다. 여자는 남자보다 방귀를 더 적게 뀌지만, 냄새는 더 독한 편입니다. 방귀의 양과 냄새는 모두 먹는 음식과 밀접히 관련되어 있습니다. 방귀를 더 많이 뀌고 냄새가 더 진하다고 해서 방귀를 더 적게 뀌고 냄새가 없는 사람에 비해 조금이라도 더 건강하거나 덜 건강한 것은 아닙니다.

여러분의 방귀에서 25퍼센트 정도는 그냥 삼켰던 공기가 몸을 통과해 밖으로 나오는 것에 불과합니다. 그러나 나머지 75퍼센트는 다양한 소화 과정을 통해 만들어지는데, 주로 장내 세균이 식이섬유를 분해한 결과입니다. 방귀의 가장 좋은 연료는 복합 탄수화물, 특히 올리고당(3~15개의 당 분자로 이루어진 탄수화물)이라고 부르는 것입니다. 주로 콩이나 뿌리 식물, 양파, 양배추나 콜리플라워 같은 배추류, 과일, 유제품에서 발견됩니다. 장내 세균이 식이섬유를 분해하는 과정은 발효나 신진대사, 부패 또는 소화라고도 알려져 있는데, 산소가 없이 진행된다고 해서 '혐기성 소화'라고 합니다(여러분 장에 있는 100조 마리의 미생물들은 대부분 산소가 많은 환경에서는 살아남지 못합니다).

혹시나 해서 분명히 밝혀두자면, 우리는 인간의 일부가 아닌 작은 외계 생명체를 100조 마리 정도 대장에 넣어 다닙니다.

냄새 조합

보통 방귀의 99퍼센트 이상은 전혀 냄새가 없는 물질로 이루어져 있습니다. 질소, 이산화탄소, 수소, 메탄 등이죠. 냄새는 나머지 1퍼센트 때문에 생기는 것인데, 그 1퍼센트는 여러분의 장내 세균과 먹은 음식의 종류에 따라 수십 가지 혹은 수백 가지 화합물로 구성되어 있을 수도 있습니다. 방귀의 냄새는 한 가지 화합물에서 나오는 게 아닙니다. 수십 가지 어쩌면 수천 가지의 화합물일 수도 있어요. 여담으로 딸기향의 경우 30가지 이상의 화합물로 구성되어 있지만, 코코아의 아로마 분석 작업을 하고 있는 과학자들은 지금까지 2만 가지라는 믿을 수 없을 만큼 많은 종류의 분자를 확인했습니다. 그중 75퍼센트 정도가 전에는 과학적으로 전혀 알려져 있지 않던 것들이에요.

혹시나 해서 분명히 밝혀두자면, 우리는 인간의 일부가 아닌 작은 외계 생명체를 100조 마리 정도 대장에 넣어 다닙니다. 이 생명체들은 만들어내는 가스의 양이나 냄새 측면에서 엄청난 차이가 있습니다. 여러 연구 결과에 따르면 방귀의 횟수는 하루 3~40번까지, 방귀의 양은 0.4리터에서 2.5리터까지 달라질 수 있고, 가스의 내용과 냄새도 아주 다양합니다. 이는 애초부터 우리의 대장에 사는 세균의 양과 종류가 다르기 때문입니다. 가스를 만들어내는 세균은 거의 대부분이 대장(혹은 큰창자)에 살고 있습니다.

방귀의 대부분은 이산화탄소, 수소, 질소, 이산화황입니다. 이산화탄소 중 일부는 위액(산성)과 소장의 분비액(염기성) 사이의 '산염기 반응'으로 생기지만, 대부분은 장내 세균이 만들어냅니다. 수소는 세균의 분해 작용을 통해 만들어지지만, 질소는 거의가 삼킨 공기에 있던 것입니다(공기 중의 산소는 위와 소장의 첫 부분에서 제거됩니다). 모든 사람이 그런 것은 아니고, 간혹 불이 붙을 수 있는 메탄가스를 만들어내는 사람들이 있는데, 이는 메탄을 만들어내는 특수한 세균 때문입니다.

방귀에서 냄새를 풍기는 가스는 전체로 보면 아주 작은 일부입니다. 보통 전체 방귀 양의 1퍼센트도 되지 않아요. 방귀 냄새는 극미량의 황화수소 및 기타 몇몇 혼합물이 만들어낸 결과입니다.

소화 과정은 놀랄 만큼 느립니다. 식사의 첫 부분은 2시간 후에 대장을 통과(이론적으로 가스를 생성하기 시작)할 수도 있지만, 전체 식사가 소화되려면 보통 어른의 경우 50시간, 어린아이의 경우 33시간 정도가 걸립니다. 여러분이 뭘 먹었고 여러분의 신체가 어떻게 작용하느냐에 따라 차이가 아주 큽니다. 음식이 위를 통과하는 데 보통 4시간 정도가 걸리고, 소장을 통과하는 데 6~8시간(지방이 많이 포함되어 있다면 더 오래 걸립니다)이 걸리는데, 대장에 이르면 모든 게 어마어마하게 느려져서 통과하는 데 40시간 정도가 걸립니다. 남녀 사이에도 큰 차이가 있습니다. 대장에서의 소화 시간만 따졌을 때 남자는 평균 33시간이 걸리지만, 여자는 평균 47시간이 걸립니다.

방귀는 그냥
가스 형태의 똥일까?

우리가 진짜 묻고 싶은 질문은 이거겠지요. 만약 내가 누군가의 방귀 냄새를 맡는다면 나는 사실상 그 사람의 똥을 들이마시고 있는 건가? 만약에 그렇다면 나는 병에 걸리는 것이 아닐까? 답은 '아니오'입니다.

흠, 뭐 약간은 그럴 수도 있습니다. 하지만 이것부터 먼저 분명히 하죠. 똥이 뭔가요?

똥

똥(점잖게 말하면 대변이라고 하죠)은 참으로 대단한 물건입니다. '신진대사로 만들어진 노폐물'이라는 표현으로는 절대로 똥의 매혹적인 측면을 다 표현할 수가 없습니다. 사람마다 다르지만 보통 하루에 누는 똥의 양은 100~125그램 정도이고, 보통 75퍼센트가 수분, 25퍼센트가 고형물입니다. 똥에는 식이섬유와 많은 양의 세균(죽은 것, 산 것), 그리고 기타 많은 화합물(상세한 내용은 93~94페이지 참조)이 들어 있습니다.

방귀

반면에 방귀는 거의 전체가 가스입니다. 질소, 수소, 이산화탄소, 메탄에, 앞서 말한 냄새를 풍기는 미량의 휘발성 물질들, 즉 황화수소, 메탄사이올, 인돌, 스카톨, 디메틸 설파이드 등이 더해진 것입니다. 그러니 넓게 보자면 똥과 방귀는 달라도 이렇게 다를 수가 없는 셈이죠.

다시 이전의 질문으로 돌아가 봅시다. '방귀는 그냥 가스 형태의 똥일까?' 세균은 너무 작아서(0.2에서 10마이크로미터〔1마이크로미터는 100만분의 1미터〕 정도입니다. 바이러스는 이보다 더 작습니다) 그중에 일부는 **어쩌면** 방귀를 뀌었을 때 다른 가스들과 함께 뿜어져 나와 공기 중에 떠 있을 수도 있습니다. 일부

세균은 공기 중에 뜬 채로도 살아 있을 수 있거든요. 예를 들어 결핵균 같은 것은 몇 시간씩 공기 중에서도 살아 있을 수 있습니다(그러나 보통 결핵은 결핵에 걸린 사람이 재채기나 기침, 대화 등을 할 때 공기를 통해 전염됩니다. 방귀를 통해서가 아니고요). 공기 중에 있는 세균은 대부분 수분 부족이나 자외선 등으로 인해 금세 죽습니다. 하지만 맞습니다. 다른 사람의 방귀를 통해 세균을 들이마시는 것도 **가능**합니다.

우리는 공기 중에 있는 다른 사람의 방귀 가스를 들이마십니다. 하지만 거기에 대단한 고형물이 섞여 있을 가능성은 거의 없습니다. **그렇지만** 가스는 여러분의 이마 뒤쪽에 있는 후각 신경구에서 냄새 화학수용체와 상호작용을 하기 때문에 어떻게 보면 다른 사람의 방귀 입자 중에 몇 개는 **여러분의 일부가 됩니다**. 아주 잠깐일 뿐이지만요.

그 증거는?

이 분야에 관한 연구는 많지 않지만 〈브리티시 메디컬 저널British Medical Journal〉이 〈캔버라 타임스The Canberra Times〉에 실린 기사를 전재한 적이 있습니다. 호주에서 활동하는 칼 크루첼니키Karl Kruszelnicki라는 의사 선생님이 간호사로부터 수술실에서 방귀를 뀌어도 괜찮은지 질문을 받았다고 해요. 답을 몰랐던 선생님은 미생물학자와 함께 어느 동료에게 5센티미터 거리에서 페트리 접시에 방귀를 뀌어달라고 부탁했답니다. 한 번은 옷을 완전히 입은 채로, 한 번은 바지를 내리고 말이죠. 다음 날 이들이 페트리 접시를 확인해보았더니 옷을 입은 채로 방귀를 뀐 페트리 접시에는 세균이 전혀 자라지 않았지만, 옷을 벗고 방귀를 뀐 페트리 접시에는 두 개의 눈에 보이는 **무해한** 세균 덩어리가 자랐다고 합니다. 보통은 장이나 피부에서만 발견되는 세균이었습니다.

그러니 방귀는 똥과 아주 다르지만, **이론적으로** 방귀는 극미량의 세균을 포함하고 있을 수 있습니다. 옷이 그런 세균들을 막아줄 필터 역할을 하는 것으로 보이고요. 그러면 우리는 여기서 뭘 배울 수 있을까요? 옷을 입지 않은 사람이 뀌는 방귀로부터 5센티미터 거리에 있다면, 너무 가까이 계신 겁니다.

방귀는 왜 냄새가 날까?

우리는 누구나 본인의 방귀 냄새를 좋아합니다(맞잖아요, 인정하세요). 특히나 밀폐된 장소이거나 침대에서 이불을 뒤집어 쓴 채 방귀를 뀐다면* 더욱 그렇습니다. 그런데 그 지독한 냄새는 대체 어디서 오는 걸까요?

방귀 냄새의 여정은 열심히 일하는 세균들이 대장에 남아 있는 음식물을 소화시켜 휘발성의 가스를 만드는 과정으로 시작됩니다. 이게 바로 신진대사라고 하는 놀라운 과정인데요, 복잡한 분자는 더 간단한 분자로 쪼개지고(이화작용), 새로운 분자가 만들어지기도 하는데(동화작용), 이 과정에서 많은 가스가 만들어집니다.

* 친구나 배우자에게 이런 짓을 한다면 재미는 있겠지만 위험한 일임을 명심하세요. 이것 때문에 이혼한 유명인 커플도 있다고 하니까요.

대부분의 방귀 가스는 냄새가 전혀 없습니다(질소, 수소, 이산화탄소, 메탄 모두 냄새가 없답니다). 하지만 훨씬 흥미로운 부분은 극소량 만들어지는, 냄새를 가진 휘발성 가스입니다. 이 가스들이 범상치 않은 이유는 고약한 냄새를 풍기기도 하지만 동시에 '휘발성'이라는 점 때문입니다. 휘발성이란 쉽게 증기로 증발한다는 뜻이에요.* 그래서 이 가스들은 공기 중을 여기저기 떠돌아다니다가 우리 코에까지 닿을 수 있는 거랍니다.

방귀마다 그 속에 들어 있는 화합물은 다릅니다. 이 화합물은 음식물을 분해하는 과정에서 생긴 부산물인데, 육류나 견과류, 씨앗류, 콩 등에서 많이 발견되는 단백질을 분해한 결과물도 있습니다. 가장 독한 방귀들은 종종 식품 속 아미노산(단백질의 구성요소)을 분해한 결과로 만들어집니다. 아미노산은 많은 음식에서 발견되지만 특히 콩과 치즈, 육류에 많습니다. 방귀의 양으로 따지면 반드시 이 식품들이 가장 많은 양의 방귀

* 과학자들은 이런 개념을 일반인들에게 잘 설명해주지 않아서 그다음에 오는 모든 얘기를 못 알아듣게 만들곤 합니다. 저는 설명을 할게요. 물질의 상태는 다음과 같은 순서를 따릅니다. 1. 고체 2. 액체 3. 기체(가스) 4. 플라스마. 하지만 이게 보기만큼 뚜렷하지가 않습니다. 물은 끓는점보다 훨씬 아래에서도 기체로 존재할 수 있거든요. 예를 들어 젖은 수건을 햇빛에 말리면 물 분자들이 서서히 증발해 수건이 마릅니다. 물 분자들은 그 속에 있는 에너지 때문에 서로 충돌해서 수건으로부터 탈출하는데요, 물의 끓는점인 100℃ 이하이더라도 우연히 한 분자가 다른 분자에 아주 세게 부딪히면 충분한 에너지를 얻어서 기체가 되면서 수건을 벗어납니다. 브라운 운동처럼 무작위적인 움직임이지만 수조 개의 분자에서 워낙 광범위하게 일어나는 일이기 때문에 어느 정도 예측이 가능해지는 거예요. 쉽게 증기로 증발하는 성질을 '휘발성'이라고 합니다. 휘발성 물질은 모체를 탈출해 쉽게 공기 중으로 휙 날아갈 수 있답니다.

를 만드는 것은 아니지만, 보통은 냄새가 가장 독한 방귀를 만들어냅니다.

엉덩이에서 코까지의 여정은 그리 복잡하지 않습니다. 방귀를 뀌고 나면, 브라운 운동(우리 주변 공기에는 맨눈으로는 볼 수 없는 수십억 개의 분자들이 있습니다. 분자들은 무작위로 움직이며 끊임없이 돌아다니고 서로 부딪혀서 아주 먼 곳까지 퍼져 나갑니다) 덕분에 이 휘발성 가스들이 공기를 타고 우리 주변까지 오게 됩니다. 워낙 어마어마한 규모로 진행되는 일이기 때문에 엉덩이에서 나온 가스는 비교적 균등하게 공기 중으로 퍼져서 우리의 코를 지나 저 먼 곳까지 갈 수 있습니다.

그다음에 오는 것이 '후각'입니다. 숨을 쉬면 냄새를 풍기는 휘발성 물질들이 코안으로 빨려 들어오고 비강을 지나 후각 상피의 점액에 도달합니다. 후각 상피는 후각 신경구(이마 뒤쪽의 뇌 옆에 있습니다)와 연결되어 있습니다. 그 냄새 나는 분자 중에 일부가 점액에 녹을 텐데, 점액은 끊임없이 흐르면서 거의 10분마다 교체됩니다. 점액에 녹은 냄새 분자는 후각 화학수용체(냄새가 나는 화학물질을 감지하는 작은 조직)에 의해 감지됩니다. 그러면 수용체는 우표 크기만 한 뉴런 영역을 통해 아주 작은 전기 신호를 후각 신경구로, 그다음에는 축삭 돌기(엄청

최악의 방귀 냄새

1.	황화수소	=	썩은 달걀 냄새
2.	메탄사이올	=	썩은 양배추 냄새
3.	트리메틸아민	=	생선 냄새
4.	메틸 사이오부티레이트	=	치즈 냄새
5.	스카톨	=	고양이똥 냄새
6.	인돌	=	꽃냄새 같은 개똥 냄새
7.	디메틸 설파이드	=	양배추 냄새
8.	티올	=	계란 냄새

나게 작은 전선이라고 생각하세요)를 통해 뇌로 보냅니다. 그러면 뇌는 그 신호를 해석해서 방귀 냄새가 난다고 알려주는 거죠.

여기에 약간의 수수께끼가 있는데요, 냄새 분자가 실제로 어떻게 냄새수용체와 상호작용을 하고 각각의 냄새에 해당하는 메시지를 내보낼 수 있는지에 관해서는 아직 아무도 정확히 모릅니다. 이전에는 '자물쇠와 열쇠' 같은 것이 작동한다고 생각했죠. 각 냄새 분자가 하나의 열쇠와 같아서 특정 화학수용체라는 자물쇠에 서로 꼭 들어맞는다고 말이에요. 하지만 문제는 우리가 냄새를 맡을 수 있는 화합물은 수조 가지나 되는데, 그러면 수조 가지의 화학수용체가 필요할 것이냐 하면 그건 아닌 것 같다는 거죠. 우리는 냄새수용체를 구성하는 유전자가 400개라는 사실도 이미 알고 있습니다. 우리 눈이 겨우 4가지 수용체를 가지고 우리가 보는 그 많은 색상을 만들어낸다는 사실을 고려하면, 이 문제에 관한 한 아직 결론이 나지 않은 것도 놀랄 일은 아닙니다.

실생활의 조언

저는 종종 한밤중에 한 차례 방귀를 내보내야 할 때가 있습니다. 하지만 그 방귀가 과연 달콤한 향기 같은 냄새를 풍길지, 아니면 소화불량에 걸린 사람처럼 지독히 시큼한 냄새가 날지는 미리 알 수가 없죠. 저는 아내를 존중하기 때문에(제 아내는 수면을 아주 중시합니다) 보통 손바닥을 컵 모양으로 모아서 그 안에다 방귀를 뀌려고 합니다. 냄새가 아내의 예민한 코 쪽으로 가지 않고(제 아내는 후각이 유난히 예민하죠) 제 쪽으로 향하게 말이에요. 생각해보니 어쩌면 저는 그냥 뭘 나눠 갖는 걸 싫어하는 걸 수도 있겠네요.

냄새들

방귀 가스 *(또는 휘발성 향기)*	냄새 *(괄호 속 숫자는 제가 개인적으로 썩은 냄새를 구분하는 10단계 중에서의 위치입니다.)*	특이사항
황화수소 (H_2S)	썩은 달걀 냄새 (9/10)	고농축 상태일 때는 독성이 강하고, 불이 붙을 수 있으며, 부식을 일으키고, 폭발할 수 있다. 다양한 유형의 식이섬유의 산물. 달걀 흰자에는 오브알부민이 다량 함유되어 있는데 이것이 분해되어 수소와 반응하면 황화수소가 만들어진다. 황산염을 줄이는 특정 장내 세균을 가진 사람만이 이 가스를 만들어낼 수 있다. 그런 사람은 인구의 50퍼센트 정도로 추측된다.
디메틸 설파이드 (CH_3SCH_3)	삶은 콩, 양배추, 옥수수, 썩은 달걀이 합쳐진 것 같은 냄새 (7/10)	종종 정유 과정, 식품의 향미 증진, 종이 생산 등에 사용된다.

메탄사이올 *(메틸 메르캅탄이 라고도 부른다)* (CH_3SH)	스컹크 냄새, 썩은 달걀 냄새, 약간의 마늘 냄새 (7/10)	디메틸 설파이드와 마찬가지로 가정용 가스에 추가되어 무취의 메탄을 '냄새가 나게' 만들기도 한다. 워낙 냄새가 강하기 때문에 농도가 10억분의 10만 되어도 냄새가 난다.
트리메틸아민 (C_3H_9N)	썩은 생선, 석유, 암모니아, 가정용 가스 냄새 (8/10)	생선 냄새나 심지어 돼지고기 냄새를 추가하기 위한 식품의 향미 증진 공정에 사용된다.
메틸 사이오부티레이트 ($C_5H_{10}OS$)	치즈, 달걀, 유황 냄새 (7/10)	딸기향에서 발견된다. 종종 치즈나 토마토, 과일 향, 감칠맛 등을 증진시키기 위해 식품에 첨가한다.
스카톨 *(3-메틸인돌이라고도 부른다)* (C_9H_9N)	석유, 가스, 고양이똥 냄새 (7/10)	미국 군대에서 비살상 비밀 무기로 사용하는 것으로 추측된다. 우리가 음식, 특히 육류나 달걀 흰자, 대두 등을 소화할 때 분해되는 아미노산 트립토판으로부터 만들어진다.
인돌 (C_8H_7N)	새 축구공 냄새, 약간의 꽃향기, 개똥 냄새, 일반적인 동물 냄새, 벚꽃 냄새 (7/10)	스카톨과 마찬가지로 장의 아마노산 트립토판의 분해 과정에서 생산된다. 향수 산업, 특히 합성 재스민 오일을 만들 때 사용된다.

남자의 방귀와 여자의 방귀는 어떻게 다를까?

학술지 〈장Gut〉에 게재된 근사한 논문이 한 편 있습니다. 이 논문은 여자의 방귀가 남자의 방귀보다 훨씬 더 독한 냄새를 풍긴다는 사실을 분명히 밝혔습니다(혹시 제가 지금 주먹을 불끈 쥐는 모습을 보셨다면 사과드립니다). 단순히 코로 맡기에 냄새가 조금 더 진하다는 게 아니라, 방귀 냄새의 주범인 가스들의 농도가 높아서 **정말로** 냄새가 더 많이 난다고 해요. 여자의 방귀는 남자에 비해서 황화수소의 농도가 200퍼센트 높고, 양은 90퍼센트가 더 많으며, 메탄사이올의 농도도 20퍼센트가 더 높다고 합니다. 그리고 경험 많은 방귀 감식가(네, 직업 맞습니다) 두 분에게 제시해보았더니 여자의 방귀가 남자의 방귀보다 분명히 더 불쾌하다고 판정을 내렸다고 합니다. 자원자 16명을 대상으로 조사한 것이니 연구의 규모가 작았던 것은 사실이지만, 방귀라는 분야는 워낙에 연구의 숫자도, 표본의 크기도 작은 것으로 유명하니까요. 200퍼센트랍니다! 대단해요, 여자분들!

'여자의 방귀는 남자의 방귀보다 불이 잘 붙습니다…'

방귀의 **양**과 관련해서는 얘기가 다릅니다. 이 연구에 따르면 남자들은 한 번 방귀를 뀔 때마다의 평균적 양(118밀리리터)도 여자(89밀리리터)보다 많고, 방귀를 뀌는 횟수도 더 많았습니다. 52:35의 비율로 남자들이 더 많은 방귀를 만들어냈습니다. 대단해요, 남자분들!

하지만 톰린과 로이스, 리드의 논문 〈건강한 자원자를 통해서 본 정상 가스 생산 조사Investigation of normal flatus production in healthy volunteers〉에 따르면 '여자와 남자는 동등한 양을 배출한다'고 합니다. 이런. 아무래도 이 분야는 더 많은 연구가 필요한 듯하네요. 연구자분들, 냄새는 좀 나겠지만 방귀로 노벨상 한번 받아보시는 거 어떤가요?

여자의 방귀는 남자의 방귀보다 불이 잘 붙습니다. 메탄을 생성하는 세균 비율이 더 높아서 더 많은 메탄을 만들어내기 때문이지요. 많은 양의 메탄을 만들어내는 여자의 비율은 60퍼센트 정도인데 반해, 남자의 비율은 40퍼센트에 불과합니다. 어쩌면 이 때문에 여자들은 전체적으로 가스를 덜 생산하는 것일 수도 있습니다. 메탄을 만들어내는 세균은 그 과정에서 수소를 아주 많이 소모하거든요. 호르몬 대체 요법을 받으면 프로게스토젠이라는 것 때문에 가스 생산도 더 많아진다고 합니다. 소장을 통과하는 음식의 운반을 느리게 만들어 음식이 더 많은 방귀로 변환되기 때문이라네요.

병에 방귀를 담을 수 있을까?

대체 방귀를 모아서 뭐하게요? 흠, 한번 상상해보세요. '국립방귀은행' 같은 게 있으면 얼마나 멋질까요? 핵전쟁에도 살아남을 수 있는 거대한 지하 묘지 같은 곳에 극저온 상태로 역사상 중요한 방귀들을 모두 보관해둔다면 어떨까요? 밀레니엄 씨앗 은행과 비슷한데… 씨앗만 없는 거죠. 위대한 인물들, 훌륭한 인물들(그리고 어쩌면 보통 사람이나 시대의 악인들까지)의 직장에서 나온 가스가 후대를 위해 보관되어 있다면 세상은 얼마나 더 풍요로워질까요? 예를 들어 아이들이 '프랑스 대혁명'에 관해 생각만 해보는 게 아니라 몽테스키외나 루이 16세, 마리 앙투아네트 왕비의 방귀 냄새를 직접 맡아볼 수 있다면 어떨까요? 제 생각에 율리우스 카이사르의 방귀는 고양이똥 냄새가, 클레오파트라의 방귀는 봄날의 젖은 도로 같은 냄새가 났을 것이며, 다빈치의 방귀는 틀림없이 오레가노 냄새가 났을 거예요. 여러분은 누구의 방귀 냄새를 맡아보고 싶나요? 포카혼타스? 칭기즈칸? 예수님?

냄새를 오래 보관하면 한 가지 흥미진진한 문제점이 생기긴 하지만, 우선은 여러분 본인의 방귀를 수집할 방법부터 찾아봅

시다. 정말 간단한데, 부력에 관한 아르키메데스의 원리가 핵심입니다. 방귀가 나오기를 기다렸다가 단단한 뚜껑이 있는 잼병과 욕조를 사용하면 돼요. 먼저, 거품 입욕제 같은 것은 넣지 말고 욕조에 물을 받으세요. 그리고 옷을 벗고 잼병을 들고 욕조 안으로 들어가세요. 욕조에 바로 누워 잼병의 뚜껑을 열고 병 속에 물이 가득 찰 때까지 물에 담급니다. 물이 든 병을 물속에서 거꾸로 들고 똥구멍 위로 가져다 댑니다. 자세가 잡혔으면 분출할 수 있는 최대량의 가스를 내뿜으세요. 그러면 거품이 병 속으로 올라가서 가스가 위로 향하는 부력만큼 물이 밖으로 빠져나올 겁니다. 기본적으로 공기가 위로 올라가면서 물을 아래로 밀어내고 병 속에 갇히는 원리죠. 그러면 이제 병 뚜껑을 꼭 닫고 바로 세우세요. 그러면 물은 아래로 떨어지고 방귀는 위로 올라갈 겁니다. 18세기에는 이게 '물을 아래로 밀어내고 가스를 모으는 방법'이라고 알려져 있었습니다. 이제 모아놓은 방귀를 분석하고 싶다면 병을 물속에 넣어 거꾸로 든 다음 뚜껑을 열고 주사기로 가스를 빼내면 됩니다.

방귀는 언제까지 냄새가 날까?

자, 그러면 방귀를 수집하는 방법에 관해서는 설명을 했고요. 그래도 우리의 '국립방귀은행' 설립 계획에는 아직 먹구름이 드리우고 있습니다. 바로 '수명' 때문이에요. 방귀는 얼마나 오래 갈 수 있을까요? 저는 런던 대학교의 유명한 화학자 안드레아 셀라Andrea Sella 교수님과 함께 근사한 채식주의 정식을 함께 하며 이 문제에 관해 장시간 얘기를 나누었습니다. 셀라 교

"WHIFF!"

수님은 건강과 안전은 '대충대충' 생각하고 강의 중에 폭발을 일으키는 것으로 유명하시죠. 제가 정말 좋아하는 교수님이고 여러분도 직접 만나보시면 교수님을 좋아하게 될 거예요.

문제는 병에 방귀를 담은 후에 냄새와 관련해 몇 가지 문제가 생길 수 있다는 점입니다. 냄새는 특정 냄새 프로필을 가진 휘발성 분자들로 이루어져 있다고 얘기한 것을 기억하실 겁니다. 이 분자들은 아주 쉽게 화학 반응을 일으킬 수 있습니다. 만약 이것들이 주위의 다른 분자와 반응한다면, 완전히 다른 분자가 만들어져서 냄새가 바뀌거나 아예 냄새가 사라질 수도 있습니다. 예를 들어 황화수소는 결국 방귀나 공기 중의 다른 성분과 반응해서 제3의 분자가 되어버릴 수 있는 거죠.

방귀 냄새를 위태롭게 만드는 요인은 아래와 같습니다.

1. 방귀에 있는(혹은 욕조나 병 속의 물에서 나온) 수증기와의 반응. 냄새 성분이 물에 녹아버린다.
2. 산화(산소를 얻고 전자를 잃는 화학 반응), 특히 자외선 노출을 통한 산화. 자외선은 유기 분자와의 상호작용을 통해 그렇지 않아도 수명이 짧은 방귀를 산화시킬 수 있다.
3. 방귀 속 다른 가스 성분과의 화학 반응.
4. 용기에 있는 성분과의 화학 반응. 유리는 워낙 비활성 물

질이어서 크게 문제되지 않지만, 금속으로 된 뚜껑과 밀봉 부분의 플라스틱은 문제가 될 수 있다.

'카르페 디엠Carpe diem'(현재를 즐겨라)이라는 말처럼 우리는 방귀 냄새를 맡을 수 있는 기회를 즐겨야 합니다. **카르페 플라투스!** Carpe flatus!('flatus'는 장 속의 가스 또는 방귀라는 뜻-옮긴이) 그러니 국립방귀은행을 만들자는 아이디어에 전혀 문제가 없는 것은 아닙니다. 하지만 액화 질소를 이용해 방귀를 -196℃ 정도로 차갑게 만들거나 액화 수소를 이용해 -253℃ 정도로 온도를 낮춘다면, 화학 반응이 아주 느려져서 냄새도 보존이 가능할 겁니다. 그러면 빙고! 국립방귀은행은 명소가 되겠네요. 갑자기 속이 부글거리네요. 채식주의 정식이 반응을 시작하나 봅니다….

일요일 어느 노부부가 교회에 갔다.
아내가 남편을 돌아보며 말했다.

"방금 소리는 안 났지만 내가 엄청 길게 방귀를 뀌었어요.
어떻게 하죠?"

남편이 아내를 돌아보며 말했다.

"보청기 배터리를 갈도록 해요."

동물도 방귀를 뀔까?

대니 라바이오이티Dani Rabaioitti와 닉 카루소Nick Caruso는 대단한 생태학자들입니다. 두 사람은 함께 우리 시대의 가장 위대한 질문 중 하나에 도전했지요.

'그것도 방귀를 뀔까?' 트위터의 힘을 이용해 전 세계 동물 연구원들의 지식을 끌어 모았다고 하네요. 아주 감사하게도 두 분이 결과 중 일부를 제게도 공유해주셨어요. 저는 그 보답으로 전체 연구 결과가 실려 있는 『그것도 방귀를 뀔까?*Does It Fart?*』를 이 책의 독자들이 모두 한 권씩 살 거라고 약속했고요. 괜찮겠죠?

동물	방귀를 뀔까?	특이사항
청어	뀐다	공기를 삼킨 후에 의사소통 목적으로 방귀를 뀐다.
염소	뀐다	2015년 2000마리의 염소를 싣고 가던 비행기는 염소들이 방귀를 너무 많이 뀌는 바람에 어쩔 수 없이 착륙해야 했다.
소	뀐다	소도 방귀를 뀌지만 트림으로 내놓는 가스의 양이 더 많다. 소는 농업에서 나오는 모든 온실가스 배출량의 1/3을 내놓는데, 하루 가스 배출량 600리터 중에 250리터를 메탄으로 방출한다. **엄청난 양이다.**
캥거루	뀐다	소보다는 적고 말과 비슷하다.
작은부레관해파리	안 뀐다	항문이 없다. 이들은 소화 효소로 음식을 녹여 먹는다.

거미	아무도 모른다	거미의 소화 과정은 효소가 들어 있는 독액을 통해 대부분 신체 밖에서 일어난다.
코끼리	뀐다	어마어마한 소화관을 통해 나무껍질처럼 거친 음식도 잘게 부순다.
새	안 뀐다	새는 방귀를 만들어낼 장내 세균이 없으며, 소화 과정이 매우 빠르다.
흰개미	뀐다	흰개미는 크기는 작아도 지구상에 워낙 숫자가 많아서 전체 메탄가스 방출량의 5~19퍼센트를 만들어낸다.
금붕어	안 뀐다	가스를 만들어내는 장내 세균을 가지고 있지만 트림을 할 가능성이 더 크다.
쥐며느리	뀌는 것 비슷하다	질소 성분의 노폐물을 암모니아로 바꿔서 폭발시키듯이 배설한다. 보통 몇 분간 지속되는데 때로는 한 시간 이상 지속될 때도 있다.

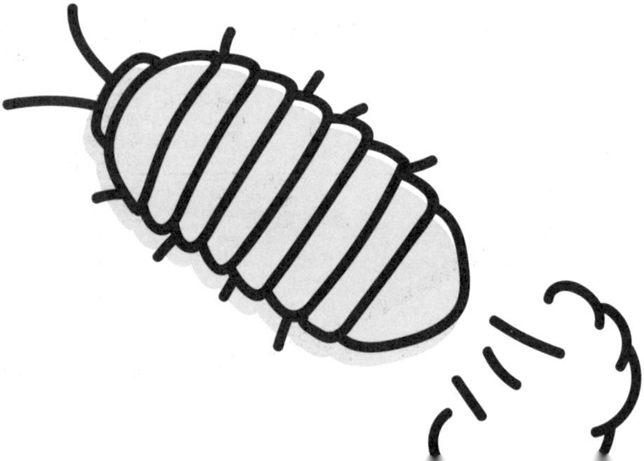

방귀 폭탄은 어떻게 만들까?

한때 방귀 폭탄 재료는 아이들의 화학놀이 세트의 단골 구성이었습니다. 하지만 요즘은 아이들이 위험한 성분을 갖고 노는 것에 훨씬 더 조심스럽습니다. 당연한 일이겠죠?

방귀 폭탄을 만드는 방법은 엄청나게 간단한 것부터 아주 아주 위험한 방법까지 여러 가지가 있습니다. 지금 소개하려는 방법은 위험성이 중간 정도인데요, 유독하고 부식성이 있는 암모니아와 성냥을 사용하기 때문입니다. 이 글을 읽는 분이 16세 이하라면 반드시 어른의 도움을 받아야 하고요, 당신이 어른이라면 16세 이하의 어린이를 반드시 곁에서 감독해주세요. 방귀 폭탄은 반응이 일어나는 며칠 동안 어딘가 보관해두는 게 필요합니다. 반드시 아이나 반려동물, 예상 못한 다른 어른들이 발견할 수 없는 곳에 보관하세요.

무슨 일이 일어나는 걸까?

성냥 머리에 있는 황과 암모니아(청소 용품)를 섞으면 달걀 썩는 냄새를 내는 황화암모늄이 만들어집니다. 화학 반응은 다음과 같습니다.

$$H_2S + 2NH_3 \longrightarrow (NH_4)_2S$$

준비물

- 성냥 한 갑
- 집안 청소용 암모니아
- 500밀리리터짜리 빈 플라스틱병
- 철사 절단기 또는 펜치 또는 튼튼한 가위

방법

1. 철사 절단기나 가위를 이용해 성냥 머리를 모두 자른 다음 빈 병에 넣는다.
2. 위 병에 30밀리리터의 암모니아를 넣는다.
3. 병을 살짝 쥐어짠 다음 뚜껑을 꼭 막는다(그래야 병 속의 가스 압력이 과도하게 높아지지 않는다).
4. 병을 단단히 봉하고 부드럽게 흔들어서 내용물을 섞어준

다.

5. 화학 반응이 일어나도록 안전한 장소에 3~5일간 그대로 둔다.

6. **밖으로** 가지고 나가서 뚜껑을 열고 친구에게 방귀 냄새를 선물한다. 옷이나 카펫에 흘리지 **않도록** 한다.

경고 :

1. 암모니아는 유독성과 부식성이 있습니다.
2. 황화암모늄은 불이 붙을 수 있으며 고농도일 경우 독성이 있습니다.
3. 잘못된 용도로 사용하거나 음용하는 일이 없도록 병에 아주 확실하게 표시를 해두세요.
4. 만들어진 범벅을 마시거나, 던지거나, 쏟지 마세요. 역겹습니다.

Chapter 02
방귀 생물학

방귀표
강낭콩
구운 콩 통조림

음식은 어떻게 방귀가 될까?

이 모든 것은 어마어마한 크기의 구체를 이루고 있는 뜨겁고 무질서한 플라스마 덩어리, 우리가 '태양'이라고 부르는 것으로부터 시작됩니다. 태양은 무게가 지구 질량의 33만 배 정도 되는 황색 왜성으로, 주로 수소(73퍼센트)와 헬륨(25퍼센트)으로 이루어져 있고 46억 년 정도를 살았습니다. 태양은 수소핵이 헬륨이 되는 핵융합을 통해 에너지를 생성하는데 그 부산물 중에 하나가 빛입니다. 태양이 전자기파의 형태로 내뿜는 빛 속의 광자 중에서 지구에 도달하는 것은 얼마 되지 않습니다. 하지만 우리 생태계를 유지하기에는 딱 알맞은 양입니다.

광합성

빛 속의 광자가 지구에 도달하면 그중 일부는 엽록소를 가진 식물에 내려앉아 광합성이라는 기적 같은* 과정을 촉발합니다. 살아 있는 것들이 사용하는 모든 에너지는 사실상 이 광

* 실은 기적과는 정반대로, 과학적으로 완전히 규명되어 있습니다. 광합성 얘기만 나오면 제가 좀 **많이** 흥분해서요.

광합성 자세히 알아보기

$$6CO_2 + 6H_2O = C_6H_{12}O_6 + 6O_2$$

잠깐만 더 깊이 들어가보기로 해요. 종이에 써놓고 보면 간단해 보입니다. 식물이 빛을 받아 6개의 이산화탄소(CO_2)와 6개의 물(H_2O)을 1개의 포도당($C_6H_{12}O_6$) 분자로 만드는 거지요. 하지만 실제로는 여러 단계가 필요해요. 먼저 빛을 포착하는, 색깔을 가진 분자(엽록소)가 빛을 흡수하면서 뻥 하고 전자를 내놓습니다. 이 전자는 워낙 에너지가 넘쳐서 물도 쪼갤 수 있을 정도죠. 말하자면 전기 분해 같은 거예요. 이게 일련의 화학 반응을 연쇄적으로 일으키는데, 전자는 이 분자에서 저 분자로 건너다니며 에너지를 짜내서 ATP(아데노신 3인산)라고 부르는 분자에 축적합니다. 모든 유기체는 이 ATP를 이용해 신진대사를 합니다. 이 똑같은 ATP가 이산화탄소를 포도당으로 전환하는 두 번째 일련의 화학 반응에 사용된답니다.

광합성을 통해 지구가 포착하는 총 에너지율에 관해서는 근사한 통계가 하나 있는데요, 계산 결과는 130테라와트라고 하네요. 이해하기 쉽지는 않겠지만 이건 지구에 도달하는 태양 에너지의 0.1퍼센트에 불과하다고 합니다(또한 인류가 소비하는 전체 에너지보다 3배가 많습니다).

합성을 통해 공급된다고 할 수 있습니다. 광합성은 정말로 놀랍죠. 빛 에너지와 물, 이산화탄소를 사용해서 화학 에너지를 만들어내고 그걸 식물 속에 탄수화물 분자 형태로 저장하거든요. 그중 일부를 우리는 음식으로 먹는 거랍니다. 그리고 동시에 식물은 광합성 과정의 노폐물로 산소를 내놓아요. 바로 그 산소를 지금 여러분과 제가 들이쉬고 있는 거고요.

보통 광합성은 눈에 보이지 않기 때문에 그냥 제 말을 믿는 수밖에 없겠지만, 실제로 광합성이 일어나는 과정을 보고 싶다면 아주 간단하게 눈으로 볼 수 있는 방법이 있습니다. 관상어 가게에 가서 수초를 좀 사세요. 제가 발견한 가장 좋은 재료는 캐나다말Canadian pondweed이었어요. 날카로운 가위로 윗부분을 1센티미터 정도 잘라내 물에 넣고 클립 같은 것을 물려서 가라앉게 만듭니다. 여기에 빛을 비추세요. 금세 캐나다말 끝에서 작은 거품이 보글보글 올라오는 것이 보일 겁니다. 이게 바로 산소가 만들어지고 있는 거예요. 그래요, **그렇다니까요!** 제가 이걸 영상으로 촬영해두었으니 유튜브 채널 GastronautTV에서 확인해보세요.

음식인 것과 음식이 아닌 것의 차이

빵이든 나무든, 풀이든, 껌이든, 쇠지렛대든, 소화관을 통과할 수만 있다면 **모든** 물질이 엄밀히 말해 '먹을 수 있는 것'이라고 얘기하면 놀라는 사람도 있을지 모릅니다. 쇠지렛대나 껌처럼 아무 영양가가 없는 것들은 불용성 섬유질(장 속의 모든 내용물을 밀어내는 데 도움을 줍니다)이라고 하고, 소장에서 소화시킬 수는 없지만 장에서 부술 수 있는 것들은 가용성 섬유질(나무나 풀 같은 것이 여기에 해당합니다)이라고 합니다. 그 외 모든 것은 영양소로 간주되고요, 영양소를 소화시키는 것은 보통 어떤 식으로든 도움이 됩니다.

소화는 어떻게 일어날까?

먹을 수 있는 음식을 좀 찾아냈다고 칩시다. 직접 요리를 했을 수도 있겠죠. 이번에는 소화를 시킬 차례입니다. 몸이 음식을 모두 소화시키는 데 걸리는 시간은 어른의 경우 평균 50시간(아이는 33시간)이나 됩니다. 대장을 통과하는 데만 해도 40시간이 걸리거든요. 재미있는 부분은 이제부터 시작입니다….

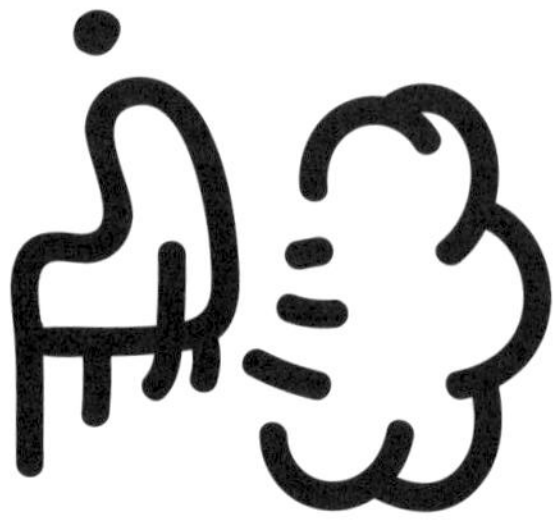

소화의 단계 1 : 씹기 - 기계적 분쇄

음식을 씹을 때 어금니는 120킬로그램이나 되는 엄청난 힘을 발휘합니다. 아마 이렇게 오도독 오도독 씹고 부수고 으깨는 기계적 분쇄 과정이 소화에서 가장 중요한 부분이라고 생각하시겠죠. 하지만 실제로는 그렇지 않답니다. 지금 여러분이 하고 있는 작업은 다음 단계의 소화가 진행될 수 있게 음식의 표면적을 넓히는 과정에 불과합니다. 그렇긴 해도 먹는 과정 전체에서 가장 극적이고 즐거운 부분은 음식으로부터 영양분을 섭취하는 활동이 **아니라**, 입으로 느끼는 감각적 경험입니다. 음식을 씹을 때 향미 분자가 화학수용체와 상호작용하면서 그 냄새와 맛을 즐깁니다. 또 음식은 우리의 기계수용체를 활성화시키기 때문에 음식의 질감도 즐기게 됩니다. 우리는 또 온도수용체를 통해 음식의 온기도 느끼고, 청각수용체(사실 소리를 인식하는 과정은 촉감을 아주 예민하게 느끼는 것입니다)를 통해 음식의 소리(특히 바삭거리는 소리)도 인식합니다. 그러나 음식의 이런 속성들 중에서 영양적으로 가치를 가진 것은 아무것도 없습니다. 그저 우리가 음식을 열렬히 즐기도록 촉진하는 역할을 할 뿐이에요. 흥미롭게도 식사 과정은 신경계를 자극해 대장에 화장실에 가라는 메시지를 보냅니다. 지금 먹는 음식이 대장 근처라도 가려면 아직 몇 시간이나 더 걸린다는 사실을

생각하면 신기한 일이죠. 적어도 신경계는 더 많은 음식이 들어오고 있다는 걸 아는 겁니다.

소화의 단계 2 : 침 - 효소를 통한 분쇄

우리는 매일 2리터 정도의 침을 만들어냅니다. 침에는 아밀라아제라는 효소가 포함되어 있습니다. 아밀라아제는 음식을 구성 요소로 분해하는 작업을 시작합니다. (침에는 소량의 칼슘과 플루오르, 마그네슘, 나트륨, 요산, 단백질, 페록시다아제, 세균도 포함되어 있습니다.)

간단한 실험을 해보세요 :

인스턴트 커스터드 파우더를 물에 개어 두 개의 유리잔에 나눠 넣는다. 한쪽 잔에는 침을 4~5회 뱉는다(저는 보통 여러 사람에게 침을 뱉어달라고 하는데, 그러면 사람들은 놀랄 만큼 불쾌해 하더군요). 티스푼으로 잘 저은 다음 양쪽 커스터드를 모두 도마에 쏟아 놓는다. 침을 섞은 커스터드는 물처럼 풀어지는 반면에 침을 섞지 않은 커스터드는 여전히 끈적일 것이다. 침이 커스터드에 있는 복합당을 분해해 물처럼 만들었기 때문이다. 이 반응은 아주 빠르게 일어난다.

소화의 단계 3 : 식도로 음식 삼키기

음식을 소화하기 쉽게 준비시키고 삼키는 복잡한 과정에는 50쌍 정도의 근육이 관여하고 있습니다. 음식을 입 뒤쪽으로 밀면 삼키기 반응이 시작되면서 음식을 목구멍으로 미는 동시에 후두를 닫고 호흡을 멈추는 반응이 시작됩니다. 그래야 음식이 호흡 기관으로 들어가지 않거든요. 그런 다음 연동운동이라고 하는 일련의 근육 수축이 일어나서 음식을 식도 바닥까지 밀어냅니다. 고양이 똥구멍처럼 생긴(실제로 하는 일도 비슷합니다…) 식도조임근에 닿을 때까지 말이에요. 식도조임근은 음식을 위로 들어가게 하면서도 위액은 밖으로 나오지 못하게(구토를 하는 경우만 빼고요) 막는 밸브 역할을 합니다. 식도조임근은 트림을 내보낼 때도 열립니다.

소화의 단계 4 : 위 - 위산과 효소

근육으로 똘똘 뭉친 위는 우리 몸의 왼쪽에 위치하고 있습니다. 비어 있을 때는 75밀리리터 크기의 봉투, 즉 주먹만 한 크기이지만, 늘어나면 보통 1리터, 필요하면 2리터 용량까지도 커질 수 있지요. 음식이 위에 들어가자마자 위의 안쪽 면은 위액을 분비합니다. 위액에는 프로테아제라고 하는 소화효소가 들어 있어서 단백질을 분해해요. 위는 위산도 만들어내는

데, 위산에는 상당량의 염산이 들어 있어 세균을 죽이고 단백질을 변성하며 효과적으로 음식을 재조리합니다. 구토를 할 때 입에서 느껴지는 신맛은 이런 위액의 톡 하고 쏘는 느낌 때문이에요. 위는 모든 것을 휘저어서 효소와 산이 음식과 서로 섞

이게 만듭니다. 위에 들어간 음식은 짧으면 15분에서 길게는 4시간 정도를 그곳에 머뭅니다. 기름진 음식을 많이 먹을수록 음식이 위에 머무는 시간도 길어집니다. 지방을 소화시키는 담즙을 만드는 데 시간이 더 많이 필요하기 때문이죠. 위 자체는 그리 많은 영양분을 흡수하지는 않습니다(흡수는 대부분 소화의 다음 단계에서 일어납니다). 일부 약물과 아미노산, 알코올, 카페인 정도를 흡수한답니다.

이상하게도 위에는 글루타민산염이나 설탕, 탄수화물, 단백질, 지방과 상호작용할 경우 뇌에 즐겁다는 신호를 보낼 수 있는 맛수용체가 일부 있습니다. 위는 연동운동을 통해 위액이 잘 섞인 음식물(소화기내과 의사들은 이것을 유미 또는 미즙이라고 부릅니다)을 천천히 또 다른 조임근 비슷한 '유문' 밖으로 밀어냅니다. 그러면 '십이지장'이라고 하는, 소장의 첫 부분으로 들어가는 거예요.

소화의 단계 5 : 소장

소장은 아주 길고 얇습니다. 우리가 먹은 음식의 영양소 대부분은 소장에서 흡수되는데, 그러려면 음식에 첨가되어야 할 것들이 많습니다. 먼저 담즙은 간에서 생산되어 담낭을 통해 첨가되는데, 지방을 분해하는 역할을 합니다. 많은 효소가 들어 있는 췌액은 췌장관을 통해 첨가되고요. 흥미롭게도 췌액은 중탄산염을 많이 함유하고 있어서 강한 염기성을 띱니다. 그래서 위액에 들어 있던 산을 중화시켜주어 여러 효소가 적절히 활동할 수 있는 산도를 만들어줍니다. 하지만 이것 때문에 거품이 생기기도 하는데요, 산염기 반응의 결과 이산화탄소 가스가 만들어지기 때문입니다.

음식이 소장을 통과하는 데는 보통 6~8시간이 걸립니다. 끊임없이 벌레처럼 꿈틀거리는 연동운동 수축을 통해 밀려나는 것이죠. 소장의 길이만 해도 평균 3~5미터이고, 짧으면 2.75미터, 길면 10.4미터까지 되기도 합니다. 소장의 표면은 벨벳처럼 보이는데, 손가락처럼 생긴, 현미경으로 봐야 할 정도로 작은 짧은 털, 즉 융모와 미세융모 때문입니다. 융모와 미세융모 때문에 30제곱미터라는 어마어마한 면적으로 영양소가 흡수될 수 있습니다.

음식 분자는 비타민과 미네랄과 당(탄수화물에서 분해), 아미노산과 펩티드(단백질에서 분해), 지방산과 글리세롤(지방에서 분해)처럼 더 작고 쓸모 있는 부분으로 쪼개지게 됩니다. 이것들은 소장벽을 통과해 가까운 혈관으로 들어가고요, 남은 것들은 또 다른 밸브라고 할 수 있는 회맹판을 통과합니다. 회맹판은 대장에 있는 똥이 다시 소장으로 들어가는 것을 막아줍니다.

소화의 단계 6 : 대장

대장은 괜히 헷갈리도록 '결장'이라고도 부르는데 그냥 큰 창자예요. 대장은 길이가 1.5미터 정도로 소장과는 비교도 되지 않게 짧지만, 폭이 훨씬 큽니다. 그래서 '대장'이라고 부르는 겁니다. 대장에서는 모든 소화 과정이 느려지면서 세균이 마법을 부릴 시간을 줍니다. 소장에서 핏속으로 흡수되지 못한 것들은 모두 이곳에 와서 분해된 후 이용되거나 배출됩니다.

대장은 불완전한 사각형 모양을 띠고 있는데요, 여러분의 몸 오른쪽에서 위로 뻗어 있는 '상행결장'으로 시작해 90도를 꺾으면 오른쪽에서 왼쪽으로 배꼽보다 위를 지나는 '횡행결장'이고, 다시 90도를 꺾어 몸 왼쪽으로 내려오는 것이 '하행결장'입니다. 대장은 다시 급선회하며 몸 가운데쪽을 향하는데요, 여기에 이어진 곳이 일종의 보관실이라고 할 수 있는 '직장'입니다. 그리고 마침내 그 아래에 있는 것이 '항문'입니다.

대장에서는 가스가 부리는 모든 마법과 함께 압축과 탈수 등 몇 가지 활동이 이뤄집니다. 여러분의 장 속에는 약 100조 마리 정도의 미생물이 살고 있는데, 무게로 치면 200그램 정도나 됩니다. 이들 미생물은 700종이 넘는 세균과 균류, 원생동물 등으로 구성되어 있습니다. 이들이 우리의 대장 속에 살면서 번식하고, 미즙과 점액을 섞어 미즙을 대변으로 만드는 거죠. 대장에서는 많은 영양분을 흡수하지는 않지만, 수분과 함께 티아민이나 리보플라빈 같은, 세균이 만들어내는 비타민을 흡수합니다. 세균은 또 섬유질을 분해해서 본인들의 연료로 사용하고 '짧은 사슬 지방산'이라는 것을 만들어냅니다. 여기서 중요한 뉴스는 가용성 섬유질(주로 소화되지 않는 탄수화물)을 세균이 분해하는 과정에서 결과적으로 방귀가 만들어진다는 사실입니다.

소화의 단계 7 : 직장

대장의 마지막 부분은 가스와 대변을 보관하는 직장이라는 방입니다. 직장의 길이는 12센티미터 정도입니다. 직장이 대장으로부터 대변을 넘겨받으면 크기가 확장되고 팽창수용체에 압력이 가해져 화장실에 가야겠다는 생각이 들게 합니다. 직장이 가득 차면 그 압력으로 항문벽이 열리고, 대변이 항문관으로 들어가면서 직장은 짧아져 대변을 몸 밖으로 밀어내게 됩니다. 신체의 마지막 연동운동인 셈이지요.

소화의 단계 8 : 항문

거의 다 왔습니다. 항문관은 길이가 2.5~4센티미터 정도인데 아래를 향하면서 약간 뒤쪽을 가리키고 있습니다. 항문관은 항문으로 이어지는데 항문은 속조임근(우리가 조종할 수 없습니다)과 바깥조임근(우리가 조종 가능합니다)이라고 하는 두 개의 '환상근'에 의해 조종됩니다.

소화의 단계 9 : 이제 손을 씻으세요!

방귀가 가장 많이 나오는 음식은?

여기에 나오는 방귀양을 늘릴 수 있는 비법들은 소화기내과 전문가들의 조언과 과학 연구 결과, 그리고 저의 설문조사에 응해준 수백 명의 아름다운 사람들의 도움이 어우러진 결과입니다.

돼지감자

아마도 방귀를 만들어낼 수 있는 세상에서 가장 강력한 연료일 것입니다. 이눌린이라고 하는 탄수화물의 함량(최고 75퍼센트)이 높고, 장 내 활동에서 독특한 특징을 갖고 있기 때문입니다. 돼지감자는 워낙에 방귀를 많이 만들어내기 때문에 작은 챕터를 하나 따로 만들었습니다(71~75페이지 참조).

콩을 비롯한 라피노스가 풍부한 음식

성 제롬(AD 347~420)은 수녀들에게 '콩은 생식기를 간지럽게 하니' 콩을 피하라고 조언했습니다. 성 제롬이 수녀님들의 생식기에 관해 어찌 그리 잘 알았는지는 아무도 모를 일이지만, 저는 그가 방귀를 언급하려다가 말실수를 한 것이라고 생각합니다. 대두나 강낭콩, 덩굴강낭콩 같은 콩류는 브로콜리나 아스파라거스와 마찬가지로 섬유질이 풍부하고, 특히 재주 많은 올리고당인 '라피노스'와 스타키오스 및 버바스코스가 풍부합니다. 소장에는 이것들을 분해하는 데 필요한 효소(a-GAL이라는 효소)가 없어서, 고스란히 대장으로 넘어가게 됩니다. 다행히 대장에 있는 세균들은 필요한 효소를 갖고 있기 때문에 아주 열정적으로 이것들을 소화시켜 어마어마한 양의 가스를 만들어냅니다. 그것은 이 세균들이 섬유질을 좋아하는 탓도 있지만 (이눌린의 경우처럼) 섬유질을 연료로 삼아 더 열심히 일하게 되면서 전체 과정을 아주 효과적으로 강화하는 탓도 있습니다(올리고당은 일종의 연료 역할을 하는 프리바이오틱스입니다).

양파, 마늘, 리크

이것들은 또 다른 복합 탄수화물인 프룩탄을 함유하고 있습니다. 그래서 소장에서 효소로 분해되기보다는 대장에서 세균이 분해를 해줘야 합니다. 양파는 종류에 따라 방귀의 양도 달라진답니다.

배추류

'십자화과 채소'라고도 합니다. 양배추, 콜리플라워, 브로콜리, 방울다다기양배추 같은 것들이죠. 가용성 섬유질이 많아서 세균들이 포식을 할 수 있습니다(비타민 C도 많아요). 하지만 배추류에는 글루코시놀레이트(황과 질소를 함유한 아미노산과 포도당에서 생성되는 유기 화합물)도 많아서 약간 쓴맛이 나기도 합니다. 이것들이 분해되면 냄새가 많이 나는 황 화합물이 됩니다.

통곡류

통곡빵, 겨, 귀리 등이 포함됩니다. 곧장 대장으로 넘어가는 가용성 섬유질로 싸여 있기 때문에 장내 세균이 좋아서 어쩔 줄을 몰라 하는 것이 거의 눈에 보일 정도입니다. 통곡류는 가스의 양은 늘릴지 몰라도, 방귀 냄새를 독하게 만들 가능성은 별로 없습니다.

과일

과일이 여기에 포함될 거라고는 예상하지 못했을 수도 있지만, 배, 살구, 자두, 복숭아를 비롯해 많은 과일들(특히 말린 과일)이 천연 당알코올을 가지고 있습니다. 그 중에는 장내 세균이 기꺼이 소화시킬 수 있는 것들도 있어요.

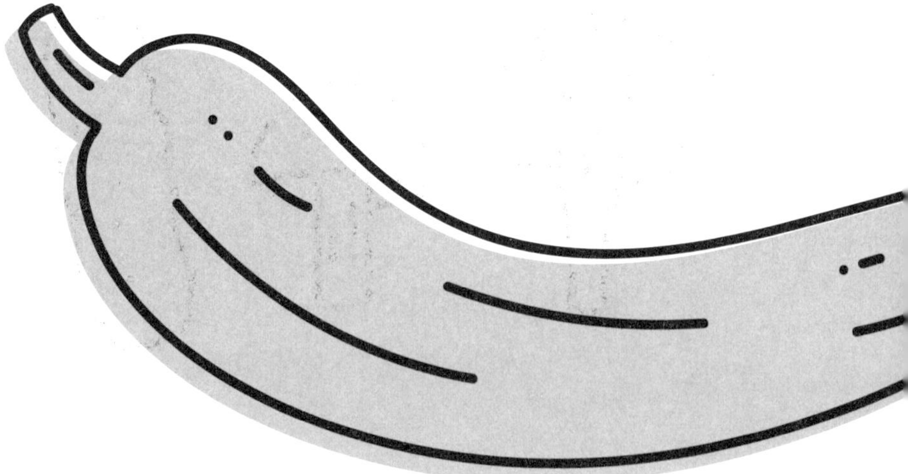

덜 익은 바나나

덜 익은 바나나는 익은 바나나에 비해 녹말(복합당)은 더 많고 단순당은 더 적습니다. 이런 저항성 녹말은 곧장 대장으로 가서 소화되고요. 이것들이 위험하지는 않지만, 대체 누가 왜 덜 익은 바나나를 먹고 싶어 할까요?

오렌지 중과피

오렌지 중과피(껍질 속의 하얀 부분)에는 또 다른 녹말(복합당)인 펙틴이 풍부합니다. 덜 익은 바나나처럼 오렌지 중과피도 곧장 대장으로 가서 소화됩니다.

고기와 유제품

고단백 식품이라고 해서 반드시 방귀의 양을 늘리는 것은 아니지만(보통 방귀의 양을 줄입니다), 냄새를 상당히 심하게 만들 수는 있습니다. 단백질의 기초는 아미노산인데, 두 종류의 아미노산이 분해되면 황이 들어간 고약한 냄새의 화합물이 될 수 있습니다.* 한 연구에 따르면 시스테인은 장에서 황화수소 배출을 무려 700퍼센트나 늘릴 수 있다고 하네요.

* 황을 포함한 두 가지 아미노산은 메티오닌($NH_2CH(CH_2CH_2SCH_2)CO_2H$)과 시스테인($NH_2CH(CH_2SH)CO_2H$)입니다. 시스테인이 산화되면 단백질의 모양을 유지해주는 '이황화다리'($CH_2-S-S-CH_2$)가 만들어집니다.

지방이 많은 식품

지방은 아주 신기한 물질입니다. 소장에서 지방이 분해되면 산도가 낮은 지방산이 되는데, 우리는 이것을 중화시키기 위해 산도가 높은 염기성의 중탄산염을 분비해 산도를 7에 가까운 중성으로 돌려놓습니다(참 똑똑하죠?). 중탄산염과 지방산의 산염기 반응은 이산화탄소 가스를 방출하고, 이게 속이 더부룩한 불편한 느낌을 일으킬 수 있습니다(레몬즙 2티스푼에 베이킹소다 1티스푼을 넣어보세요. 대충 어떤 그림인지 알 수 있을 겁니다). 이산화탄소의 일부는 핏속으로 흡수되지만 일부는 대장으로 건너갑니다.

감자와 시리얼

감자와 시리얼에는 대장에서 분해되어 방귀를 만드는 프룩탄이 들어 있습니다. 하지만 재미나게도 감자와 시리얼은 사실 냄새를 **줄일** 수 있습니다. 한 연구에 따르면 감자와 시리얼을 먹으면 황화수소가 75퍼센트나 적게 만들어진다고 합니다.

식은 파스타와 감자

재미난 음식들입니다. 조리된 녹말 음식이 (특히 냉장고에서) 식으면 '3형 저항성 녹말'이라고 하는 커다란 탄수화물이 만들어집니다. 이것 역시 장내 세균이 좋아하는 복합 탄수화물입니다.

유당(젖당)

유당은 우유에 살짝 단맛을 주는 당인데, 방귀 생성을 증가시킬 수 있습니다. 특히 유당 분해 효소 결핍증이 있는 사람이라면 말이죠. 이런 사람은 소장에 유당을 분해하는 데 필요한 효소가 결핍되어 있기 때문에 대장에서 세균이 유당을 분해합니다. 소화되지 않은 유당을 먹는 장내 세균은 수소 가스를 만들어냅니다. 그러니 수소 가스는 유당 분해 효소 결핍증을 진단할 수 있는 신호 중 하나입니다.

표고버섯

표고버섯에는 마니톨이라고 하는 폴리올(당알코올)이 들어 있습니다. 마니톨은 장내 세균에 의해 소화되어 부드러운 설사약 같은 역할을 하죠. 당뇨병 환자를 위한 감미료로도 사용되는 마니톨은 소장에서 잘 흡수되지 않기 때문에 대장에서 분해됩니다.

보디빌더용 단백질 보충제

보디빌더들은 방귀냄새가 지독한 것으로 악명이 높습니다.

단백질은 황을 만들어내는데, 그렇기 때문에 단백질을 추가로 섭취하면 장내 세균의 황화수소 배출이 늘어납니다.

소르비톨을 감미료로 사용한 무가당 껌

설탕 대용품인 소르비톨은 보통 콘시럽을 이용해서 만드는데 평범한 수크로스(설탕)보다 칼로리가 낮습니다. 소르비톨은 껌을 달게 만드는 데도 종종 사용됩니다. 소르비톨은 소화되지 않지만 위장 장애를 일으킬 수 있습니다. 또 대장에 물이 늘어나게 만들어 장운동을 자극하는 설사약으로도 사용될 수 있습니다. 소르비톨은 분자량이 크기 때문에 소장에서 분해되지 않고 대장까지 가는 것으로 생각됩니다. 소르비톨이 대장에 이르면 장내 세균의 분해 능력을 향상시켜 가스 생성을 유발할 수 있습니다.

두 손을 들고 '대체 방귀를 유발하지 않는 음식이 뭐야?'라고 물을지도 모르겠네요

- 쌀
- 쌀가루빵
- 글루텐 프리 빵
- 육류와 생선(냄새는 나지만 방귀의 양을 줄임)
- 토마토
- 상추와 호박
- 포도
- 아보카도
- 오렌지(중과피는 빼고)
- 수박

돼지감자가 대체 뭐야?

일찍이 돼지감자를 받아들인 영국인 존 구디어John Goodyer는 이렇게 장담했다고 합니다. "이것들은 불결하고 혐오스러운 냄새 가스를 만들어낼 것이며 복통을 유발할 것이다."

왜 하필 돼지감자인가?

돼지감자는 속이 부글거리게 만드는 데 직접적으로 책임이 있는 음식입니다(사람마다 장내 세균이 달라서 영향도 다르겠지만 제 경우에는 돼지감자를 먹고 나면 증기 기관차처럼 줄방귀를 뀝니다). 의심의 여지없이 지구상에서 가장 방귀를 많이 뀌게 만드는 음식은 이 울퉁불퉁한 덩이줄기 식품입니다. 돼지감자는 영어로 예루살렘 아티초크Jerusalem artichoke라고 하지만, 예루살렘에서 유래한 것도 아니고, 아티초크와도 아무 관련이 없습니다(맛이 비슷하긴 합니다). 북아메리카가 원산지인 돼지감자는 해

바라기류의 일종으로, '선초크sunchoke'라는 이름으로 팔렸습니다(돼지감자를 부르는 여러 이름 중에 제가 가장 좋아하는 것은 프랑스식 이름인 토피낭부르topinambour인데, 아마존의 식인 부족 투피남바Tupinambá에서 유래했다고 합니다). 돼지감자는 흔히 생강이나 강황으로 오해를 받지만, 혹시라도 실수로 정원에 심었다면 없애는 게 아주 골치 아픈 작물입니다. 돼지감자는 맹렬하게 자라고 번식합니다. 공급과 소비를 일치시키는 것이 불가능하다는 사실(아내가 도저히 더는 못 먹겠다고 하더라고요)을 깨달은 후에는, 제 경우 주말농장에서 돼지감자를 없애는 데 자그마치 4년이 걸렸습니다. 미친 듯이 땅을 계속 파내야 했었죠.

돼지감자를 먹으면 왜 방귀가 나올까?

범인은 틀림없이 '이눌린'입니다. 이눌린은 크기가 크고 비교적 복잡한 탄수화물 분자입니다(정확히 말하면 단당류가 길게 연결된 다당류). 분명히 혀에서는 맛이 느껴지지만(돼지감자 한 조각을 생으로 씹어보면 어렴풋이 사과 같은 단맛이 느껴질 겁니다),

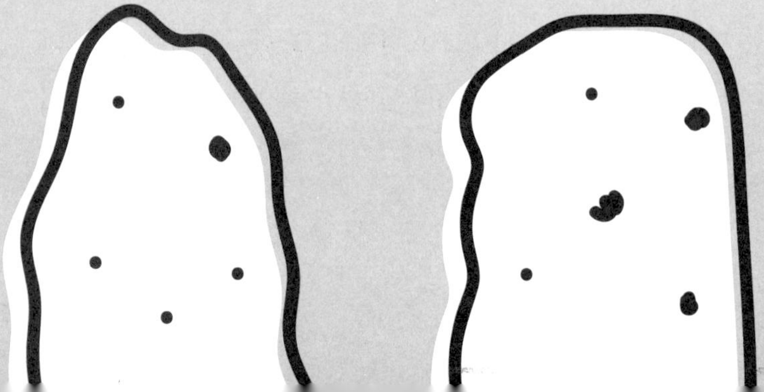

소장에는 이것을 분해하는 데 꼭 맞는 효소가 없습니다. 사실 우리의 장내 효소로는 돼지감자를 분해하기가 너무 어려워서 돼지감자는 '난소화성' 작물로 간주됩니다. 그래서 이눌린은 고스란히 대장으로 가게 되고 대장에 사는 세균들이 이눌린으로 포식하며 엄청난 양의 가스 부산물을 내놓게 됩니다. 이산화탄소, 수소, 메탄 같은 것들이죠. 그리고 흥미롭게도 이눌린은 프리바이오틱스로 전환되어 대장에 사는 다른 세균들도 번성하고 활발히 활동할 수 있게 돕는 역할을 합니다. 전방위적으로 가스 생성량을 높이는 것이죠. 정말로 놀라운 일입니다.

이눌린은 돼지감자 속에서 녹말을 대신해 에너지 저장원 역할을 합니다. 감자와 같은 다른 덩이줄기 식품에서 흔히 발견되는 에너지 저장원은 녹말입니다. 이눌린은 적은 양이긴 하지만 밀이나 바나나, 양파, 아스파라거스, 치커리에서도 발견됩니다(산업용 이눌린은 주로 치커리에서 얻습니다). 요즘은 칼슘 흡수를 도와줄 수 있는 저설탕 식품 첨가제로 점점 더 주목받고 있습니다(하지만 과민성 대장 증후군이 있는 사람이라면 이눌린을 피하는 편이 좋을 수도 있어요).

돼지감자의 역사

1600년대 중반에 돼지감자는 쉽게 자라고 다수확이 가능하고 덩이줄기를 땅속에 얼마든지 묻어둘 수 있었기 때문에 각광받는 뿌리작물이 될 수도 있었습니다. 하지만 저 유명한 '콜럼버스의 교환'으로 도입된 새로운 작물 때문에 돼지감자는 그 자리에서 밀려나고 말죠. 바로 '감자'였습니다. 돼지감자는 동물 사료용으로 자주 재배되었고, 프랑스인들은 식품용으로 키웠다가 사료용으로 키웠다가 계속 오락가락 하면서 오랫동안 돼지감자와 인연을 이어왔습니다. 요리법에 관한 책을 썼던 근대의 저자들은 돼지감자를 소개하면서 부작용에 대해서는 한결같이 언급하지 않았는데요, 1621년에 나온 『제라드의 약초 연구 *Gerard's Herbal*』에서 존 구디어는 다음과 같이 분명히 알려주고 있습니다.

> '어떤 식으로 드레싱을 입히고 먹는다고 하더라도 이것들은 몸속에 불결하고 혐오스러운 냄새 가스를 만들어낼 것이며 복통을 일으킬 것이기 때문에 사람이 먹기보다는 돼지 사료로 사용하는 것이 더 알맞다.'

돼지감자를 먹고도 방귀를 뀌지 않을 수 있을까?

아니요. 실은, 돼지감자를 먹어야 할 이유는 많습니다. 익히면 맛도 있고, 날것으로 샐러드를 만들어도 훌륭하고, 수프를 만들어도 좋아요. 이눌린은 기막히게 달콤하고 은은한 꽃향까지 납니다. 속이 부글거리는 것을 막아준다는 '비법'들은 대부분 말도 안 되는 것들이에요(심지어 속이 부글거리는 것을 치료하기 위해 이눌린을 **섭취**하라고 말하는 사람들까지 있는데 정반대의 효과를 낳을 겁니다). 그러니 돼지감자를 먹고 배가 아프다면 그냥 먹지 마세요. 물론 속이 부글거리는 경험을 한번 해보고 싶으시다면 돼지감자가 확실한 경험을 제공할 테지만요. 일요일 점심 때 감자와 함께 돼지감자를 깎아서 구워 먹은 다음, 느긋하게 앉아 무슨 일이 벌어지는지 구경해보세요. 재미있을 겁니다.

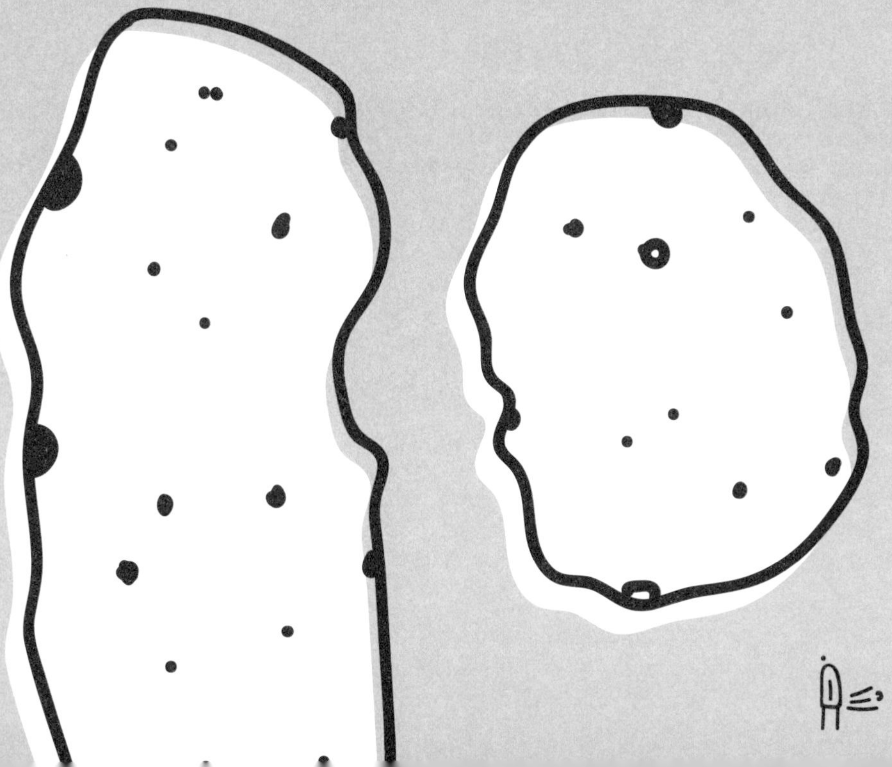

방귀를 가장 많이 만들어내는 요리법

모험을 좋아하는 손님들이 있다면 방귀가 가득한 저녁 만찬에 초대해보는 건 어떨까요?

방귀 뿡뿡 구운 돼지감자 요리

악명 높은 돼지감자에 구운 양파를 곁들이면 진짜 유황 냄새가 나는(양파 덕분), 이눌린의 기운을 왕창 받은 가스를 최대한 많이 만들 수 있어요(돼지감자 덕분). 냄새가 어찌나 강력한지 저는 집에서 다시는 이 요리를 할 수 없게 되었답니다. 이 요리는 대사 진행 시간을 측정할 수 있는 유용한 도구이기도 해요. 혹시 관심이 있는 분이라면 말이죠. 그냥 먹을 때 시각을 적어두고, 평소보다 방귀가 많이 나기 시작하는 시각을 확인하면 돼요.

주요리로 2인분 혹은 반찬으로 4인분

돼지감자 750그램
레몬 1/2개(껍질과 즙 사용)
붉은 양파 작은 것 4개
마늘 1뿌리
백리향 잎 1티스푼
로즈마리 잎 1티스푼
올리브오일 2티스푼
소금 및 후추 약간
잣 2티스푼
깍둑썰기한 베이컨 6조각
파슬리 한 움큼

1. 오븐을 180℃로 예열한다. 돼지감자(종류가 매우 다양하다)가 깔끔한 모양이면 손톱솔로 문질러 씻고 큼직큼직하게 썰어 레몬즙에 뒤적여서 갈변을 막는다. 그렇지 않으면 껍질을 벗긴 다음 큼직큼직하게 썰어서 레몬즙에 뒤적인다.
2. 양파는 껍질을 벗기고 4등분한다.
3. 마늘을 반으로 썬다.
4. 모든 채소를 오븐 트레이에 놓고 레몬 껍질과 백리향 잎, 로즈마리 잎, 올리브 오일, 양념을 섞어준다(파슬리는 제외).
5. 오븐에서 40분간 굽는다. 그사이 잣과 베이컨은 별도의

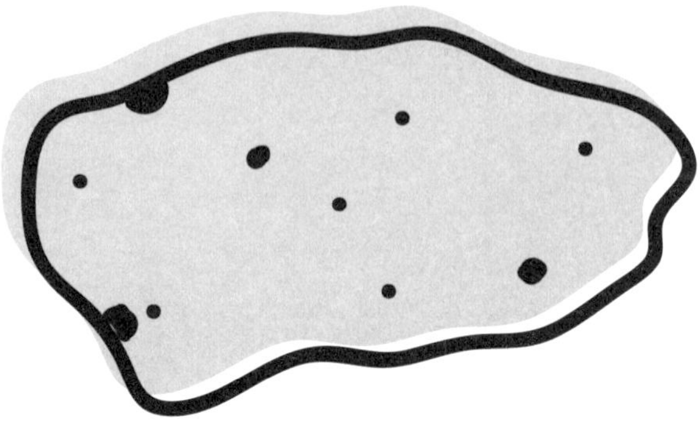

작은 프라이팬을 이용해 노릇노릇하게 구워둔다.

6. 40분 후 돼지감자를 확인한다. 예쁜 갈색으로 바삭거리게 됐다면 완성된 것이다. 그렇지 않으면 10분을 더 굽고 다시 확인한다. 간을 확인한다.
7. 돼지감자 위에 파슬리와 베이컨, 잣을 뿌려주고 접시에 담아낸다.

변기를 놀라게 만들 비트 요리

비트는 특이하게도 똥을 붉은색으로 만듭니다. 베타시아닌이라고 하는 붉은 색소 때문이죠. 베타시아닌은 위산의 정도에 따라 다르기는 하지만 전체 신진대사 과정에서 거의 바뀌지 않고 그대로 유지돼요. 비트에는 식이섬유가 가득해서 방귀를 많이 만들어냅니다. 그리고 다음은 황이 들어간 독한 냄새를 만들어낼 수 있는 양파를 추가한 요리법입니다.

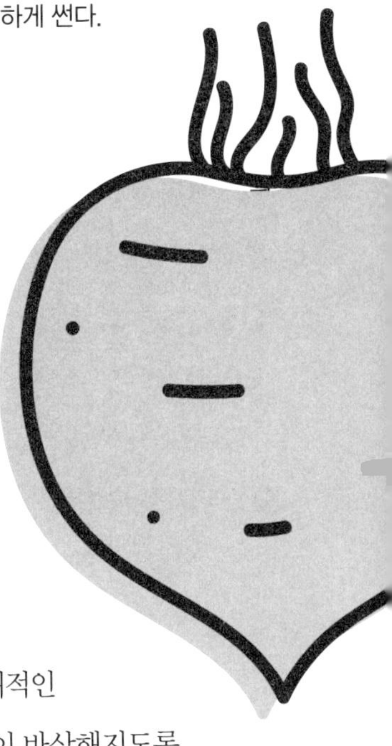

비트 500그램, 씻어서 반달 모양으로 큼직하게 썬다.
마늘 6~8쪽, 통으로 껍질만 벗긴다.
올리브오일 6티스푼
백리향 잎 1티스푼
붉은 양파 큰 것 2개, 껍질을 벗기고
원형으로 얇게 채썬다.
소금 및 후추
레드와인 식초 2티스푼
흑설탕 1.5티스푼
생크림 4티스푼

1. 오븐을 180℃로 예열한다. 트레이에 비트와 마늘, 올리브오일 3티스푼, 백리향 잎을 넣고 뒤적인다. 트레이를 오븐에 넣고 비트 끝이 바삭해지도록 약 45분간 굽는다.
2. 비트가 구워지는 동안 남은 올리브오일을 커다란 프라이팬에 넣고 약불에 올린다. 양파와 약간의 소금을 넣고 계속 뒤적이며 20분간 익힌다.
3. 양파가 갈색으로 물러지면 식초와 설탕을 넣고 끈적하게

졸여둔다.

4. 비트가 다 익으면 익힌 양파와 섞고 접시에 담아 생크림을 올린 후 낸다.

생리학의 신비! 냄새 두 배 오줌 염색 샐러드 요리

아무 의심 없는 친구에게 시도해볼 수 있는 멋진 요리예요. 아스파라거스에는 메탄사이올과 디메틸 설파이드로 분해될 수 있는 특별한 화합물이 들어 있어요. 오줌에서 썩은 양배추 냄새가 지독하게 나도록 만들 수 있죠. 그러니 아스파라거스에다가 엄청난 양의 가스를 만들어줄 돼지감자, 대변의 색깔을 바꿔줄 비트를 결합한다면 생리학의 기발함이 가득한 요리를 만들 수 있어요.

비트 300그램
아스파라거스 1묶음, 5센티미터 길이로 잘라둔다.
돼지감자 300그램, 껍질을 벗겨 동전 크기로 얇게 저민다.
신선한 바질 잎 한 움큼
드레싱 재료 :
레몬 1/2개, 즙을 낸다.
디종 머스터드 또는 홀그레인 머스터드 1티스푼
올리브오일 2티스푼
꿀 1티스푼
소금 및 후추

1. 비트는 약불에서 40분간 끓인 다음 건져서 식힌다. 충분히 식으면 칼로 껍질만 살짝 벗겨낸다. 충분히 익었다면 껍질은 손쉽게 벗겨진다. 반달 모양으로 썰어둔다.
2. 그동안 큰 냄비에 물을 끓여둔다. 돼지감자를 넣고 이어서 아스파라거스도 넣는다. 2분 이상 데친 다음 건져낸다. 모든 채소를 큰 볼에 담는다.
3. 드레싱 재료를 병에 넣고 뚜껑을 닫은 채 흔들어 잘 섞는다. 채소 위에 드레싱을 붓고 잘 섞어준다. 그릇에 담아 바질 잎을 뿌려준다.

끝판왕 방귀 클럽

멜 브룩스Mel Brooks 감독의 영화 〈불타는 안장Blazing Saddles〉 혹시 보셨나요? 말 다했죠.

소시지 500그램
튀김용 올리브오일
베이컨 6조각
강낭콩 캔 400그램짜리 2개, 물을 빼둔다.
파사타 400밀리리터
소금 및 후추

소시지는 올리브오일에 10~15분간 구워 노릇노릇하게 만들어둔다. 팬에 베이컨을 넣고 바삭하게 구운 다음, 구운 소시지와 콩, 파사타를 넣는다. 뚜껑을 덮지 않고 10~15분간 졸인다. 간을 하고 그릇에 담아 낸 다음 느긋하게 구경한다.

덕 파트 칵테일

알래스카에서 만들어진 이 칵테일은 그냥 이름이 예쁠 뿐 방귀(영어로 'fart'는 '방귀'라는 뜻-옮긴이)와는 아무 상관이 없답니다.

작은 유리잔에 아래의 재료를 천천히 넣으세요.

칼루아 1단위
베일리스 아이리시 크림 1단위
캐나다 위스키 1/2단위

끝입니다.

어느 청년이 여자 친구의 부모님을 처음으로 찾아뵙게 되었습니다. 저녁 식탁에 앉은 청년은 당연히 긴장되었고 방귀가 나오려고 했습니다.

다행히 이 집의 반려견인 벅이 쓰다듬어달라고 청년에게 다가왔습니다. 청년은 방귀를 한 번 뀐 다음, 공기 중에 손을 휘저으며 친절한 강아지에게 이렇게 말했습니다.

"이제 가봐, 벅. 그 정도면 됐잖아."

두어 번 더 이런 일이 있고 나자, 여자 친구의 아버지가 말했습니다.

"벅, 시키는 대로 해. 그러다 이 친구 똥 쌀라."

집 도슨Jim Dawson의

『방귀 뀐 사람 누구니?*Who Cut the Cheese?*』 중에서

방귀는 나쁜 건가요?

대체로 그렇지는 않습니다. 한편으로 방귀 속에 들어 있는 수소는 폭발성이 매우 강합니다. 수소와 산소가 결합하면 강력한 '수산기' 폭발이 발생합니다. 제 이웃들이 증언해줄 수도 있을 거예요(그에 비하면 메탄 폭발은 약한 축에 속할 정도입니다). 그러나 방귀 속의 수소와 산소는 농도가 낮은 편이고, 보통 비활성인 질소가 훨씬 많습니다. 그러니 방귀를 뀐다고 크게 위험하지는 않을 거예요. 방귀는 지극히 자연스럽고 정상적인 소화 과정의 일부이니, 방귀를 뀌더라도 '내가 섬유질을 충분히 먹어서 건강하구나' 하고 자랑스럽게 생각해야 합니다.

그러면 방귀가 나쁜 것은 언제일까요?

1. 소가 방귀를 뀔 때입니다. 소는 방귀를 뀔 뿐만 아니라 소

화 과정에서 '되새김질'을 통해 **어마어마한** 양의 이산화탄소와 메탄을 트림으로 뱉어냅니다. 이것들은 강력한 온실가스이죠. 에잇, 나쁜 소.

2. '가스가 차서' 배가 아플 때입니다. 누구나 종종 이럴 때가 있지요. 하지만 지속적으로 통증이 있고 배가 빵빵해지고 가스가 지나치게 찬다거나 방귀에서 역겨운 냄새가 난다고 생각된다면 의사 선생님에게 상담을 받아보는 게 좋습니다. 혹시나 다른 문제로 인한 증상의 일부일지 모르니까요. 방귀를 뀐다고 해서 부끄럽게 생각하지 마세요.
3. 방귀 소리나 냄새 때문에 너무 창피해서 여러분의 삶의 질이 낮아지거나(사람들과 어울리지 못해서) 식단의 질이 떨어질 때(섬유질을 기피해서)입니다.

비록 이 책은 방귀를 환영하자는 내용이지만, 방귀가 창피하고 무례한 행위라는 일반적 인식을 무시할 수는 없죠. 방귀에 관해서라면 사람들은 기괴할 정도로 비난조로 이야기하고 고상한 척을 하곤 합니다. 다들 조금 더 철이 들어서 방귀도 공기 좀 쐬고 존중을 받을 수 있으면 좋겠어요. 하지만 조만간에 그런 일이 일어날 가능성은 별로 없겠지요. 방귀를 억제하고 싶다면 142~147페이지를 참조하세요.

방귀 가스가 건강에 좋지는 않겠죠? 아닌가요?

방귀를 구성하는 성분 하나하나가 양이 충분히 많기만 하다면 여러분을 **죽일 수도** 있습니다. 하지만 그렇게 치면 물도, 향수도, 당근 주스도, 햄스터도 마찬가지입니다. 독성학(독이 되는 성분을 연구하는 학문)의 기본 원칙은 모든 것은 '양'(얼마나 먹거나 마셨느냐)이 중요하다는 겁니다. 심지어 물조차도 너무 많은 양을 너무 빨리 마시면 사람이 죽을 수도 있습니다. 이 원칙은 파라켈수스(1493~1541)라는 사람에게로 거슬러 올라가는데요, 파라켈수스는 이런 말을 했답니다. '모든 것이 독이다. 모든 것에 독이 들어 있다. 어떤 것이 독이 안 될 수 있는 것은 양 때문이다.'

그러니, 여러분의 방귀에 들어 있는 모든 성분이 다른 것 없이 그것만 아주 오래 흡입한다면 **죽을 수도** 있습니다. 하지만 그런 일이 생기기는 아주 힘들겠죠.

엑서터 대학교University of Exeter에서는 황화수소(방귀에 썩은 달걀 냄새를 일으키는 가스)에 이로운 점은 없는지 조사를 해본 적이 있는데요, 황화수소는 고농도일 때는 위험하지만 극소량일 때는 세포의 미토콘드리아를 보호해주는 것으로 증명되었습니다. 미토콘드리아는 세포에 에너지를 공급하는 기관으로 질병에 걸리면 손상될 수 있어요. 실제로 폐가 방귀에서 황화수소를 흡수할 수 있는지는 알려지지 않았어요. 하지만 지금까지 위험하다고 생각되었던 가스가 세포의 병을 호전시키는 데 사용될 수 있을지도 모른다는 사실이 참 흥미롭네요.

사람들은 보통 자신의 방귀 냄새는 좋아하지만 남의 방귀 냄새는 아주 싫어하죠. 방귀의 세계에서는 누구의 방귀이냐가 아주 중요하답니다. 사람들은 남의 장이 내뿜은 가스를 갑자기 접하는 것을 좋아하지 않아요. 그것은 처음부터 우리가 해로운 세균이 들어 있을지 모를 똥(괜히 노폐물이 아니랍니다)을 피하게끔 만들어진 탓도 있습니다. 안타까운 일이죠.

장내 세균은 뭔가요? 건강에 좋은가요, 나쁜가요?

여러분의 장 속에는 언제나 200그램 정도의 세균이 들어 있습니다. 700여 종의 세균 100조 마리 정도가 균류, 원생동물 같은 다른 미생물들과 함께 들어 있습니다. 모두 밤낮없이 여러분의 몸속에서 꼼지락거리고 있죠. 미생물 수준에서는 숫자가 별 의미가 없긴 하지만, 인체에 있는 세포의 수가 37조 개에 불과하다는 사실을 기억하세요. 그러면 이 조그만 생물체들의 세상이 얼마나 큰 영향력을 발휘할지 감이 올 겁니다. 우리 몸속에는 우리 자신의 세포보다 이 조그만 외계 생물체가 더 많은 셈이죠. 이 세계가 우리의 건강이나 행복에 얼마나 중요한 영향을 미치는지에 대해서는 이제 겨우 이해를 시작한 단계입니다. 이제야 이 세균들 전체를 하나의 집합적인 기능 집단으로 보기 시작하면서 '바이옴biome'이니 '장내 세균'이니 '잇고 있던 장기forgotten organ'이니 하는 이름을 붙여주고 있습니다. 심지어 이것들은 파킨슨병이나 알츠하이머 같은 퇴행성 질환의 진행에도 관여하고 있을지 모릅니다.

세균은 끔찍한 질병을 유발할 수도 있지만, 그렇다고 세균이 나쁘기만 한 것은 아닙니다. 실제로는 아주 이로울 수도 있습니다. '공생관계'라고 알려진 것인데요, 우리가 세균들의 숙주가 되어 그것들이 먹고 번식하며 살 수 있는 대장이라는 아늑한 공간을 내어주면, 반대로 그것들은 우리에게 꼭 필요한 비타민과 미네랄과 함께 우리가 뿜어내는 방귀 가스들을 만들어내고 우리를 위해 음식을 분해하는 것이죠.

여러분의 장 속에는 300종에서 1000종에 이르는 세균이 살고 있지만, 개체수의 99퍼센트를 구성하는 것은 30~40종에 불과합니다. 그 주요 구성원들을 흔한 것부터 대략 나눠보면 아래와 같습니다.

페칼리박테리움(Faecalibacterium)

박테로이데스(Bacteroides, 우리의 장에는 여러 종류의 박테로이데스가 있는데, 장내 세균의 대략 30퍼센트가 박테로이데스속에 속합니다. 보통 공생관계[좋은 것]이며, 특히 단백질과 동물성 지방을 많이 먹는 사람들에게서 많이 발견됩니다.)

대장균(Escherichia, 대장균 등)

유박테리움(Eubacterium, 엔테로코커스 패칼리스 등)

엔테로박터(Enterobacter)

클레브시엘라(Klebsiella)

비피도박테리움(Bifidobacterium)

스타필로콕쿠스(Staphylococcaceae)

유산균(Lactobacillus)

클로스트리디움(Clostridium)

프로테우스(Proteus)

수도모나스(Pseudomonas)

살모넬라(Salmonella)

프레보텔라(Prevotella, 섬유질 탄수화물을 많이 먹는 사람들에게서 발견된다.)

다음과 같은 균류도 있습니다.

푸른곰팡이(Penicillium)

칸디다(Candida)

사카로미세스(Saccharomyces)

로도토룰라(Rhodotorula, 과민성 대장 증후군을 가진 사람에게서 자주 발견된다.)

플레오스포라(Pleospora)

아스페르길루스(Aspergillus)

스클레로티나(Sclerotina)

세균은 좋은가요, 나쁜가요?

저도 확실한 답을 드리고 싶은 마음이 간절한데, **그렇게 간단한 문제가 아니라서 말이죠.** 장 속에는 여러 종류의 세균이 공존하면서 서로 간에, 그리고 우리의 신체와 복잡한 관계를 맺고 있습니다. 우리는 아직 그 관계에 관해 거의 아는 게 없어요. 세균 중에 일부는 장 속에서는 철저히 안전한데, 밖으로 나오면 위험해지는 것들도 있습니다(살모넬라, 황색포도상구균, 클로스트리디움 테타니는 모두 심각한 병을 유발할 수 있습니다). 지구상의 모든 물질은 **양에 따라서** 독이 될 수 있다는 사실을 꼭 기억하세요. 미생물 중에는 우리에게 적극적으로 도움이 되는 것도 있지만, 그렇지 않은 것처럼 보이는 것들도 있습니다. 어떤 미생물은 식이섬유를 소화시켜서 아세트산과 부티르산을 만들고, 비타민 B와 K를 합성하며, 담즙산을 대사하고, 호르몬 비슷한 화합물을 만들어내기도 하니, 이로운 것처럼 보입니다. 아직 완전히 알아내지는 못했지만, 장내 세균은 정신 건강에서 염증 유발, 자가 면역에 이르기까지 많은 의료 영역에서 중요한 역할을 하는 것으로 생각됩니다.

대변의 기쁨

똥(점잖게 쓰고 싶다면 대변)

똥을 누러 간다는 뜻의 점잖은 표현은 많지요. '뒷간에 가다' '우환을 해소하다' '큰일을 보다' '아침운동' '브라우니를 굽다' 등이 있습니다.

대변은 방귀의 어머니입니다. 그렇다면 소변은 그 형제이고, 땀은 자매, 콧물은 삼촌쯤 됩니다. 상처의 딱지나 귀지, 침, 토사물, 배꼽에 낀 때 등은 말하자면 결혼식이나 장례식 때만 보는, 기괴한 먼 친척이라고 할 수 있어요…. 생물학을 인류학에 비유하려니 한계가 있네요.

똥은 신진대사의 노폐물입니다. 즉 소화를 거치고 남은 물질이에요. 신체가 배출하려고 하는 다른 수많은 산물들도 마찬가지입니다. 남자의 장 습관은 여자와 다릅니다. 남자들은 평균

일주일에 9.2회 우환을 해소하지만, 여자들은 6.7회에 불과하죠. 하루에 한 번 뒷간에 가는 남자는 전체의 40퍼센트인데 반해, 여자들은 33퍼센트밖에 되지 않아요. 남자들 중에 7퍼센트는 하루에 두세 번 브라우니를 굽지만(이 책의 저자는 최근까지도 하루 세 번이 정상인 줄 알았답니다), 여자들 중에 그런 사람은 4퍼센트밖에 되지 않습니다. 여자들 중에 1퍼센트는 일주일에 한 번 혹은 그보다 적게 큰일을 본다고 하네요. 세상에나. 화장실을 가장 많이 가는 시간대는 이른 아침이라고 하네요. 남자가 여자보다 더 일찍 갑니다.

그 안에는 뭐가 있을까?

똥에는 소장에서 흡수되지 못한(그래서 대장에서 세균에 의해 썩은) 음식들과 남아도는 세균 혹은 죽은 세균, 대사 과정의 노폐물, 죽은 장 세포 등이 들어 있습니다. 그리고 이것들은 모두 항문으로 빠져나오기 쉽게 점액으로 코팅이 되어 있습니다.

- 불용성 식이섬유 30퍼센트(소르비톨, 셀룰로스, 이눌린처럼 소화될 수 없는 음식)
- 죽었거나 살아 있는 세균 30퍼센트(세균은 계속 교체됩니다)
- 인산칼슘 같은 무기질 10~20퍼센트

- 콜레스테롤 같은 지방 10~20퍼센트
- 단백질 2~3퍼센트
- 장 내벽에서 나온 죽은 세포들
- 오래된 적혈구가 분해돼서 생기는 노란색 물질인 빌리루빈
- 죽은 백혈구

똥은 사람마다 다르며, 그날 먹은 음식과 소화계의 상태, 건강 상태에 따라 매일 달라집니다. 똥이란 인간의 소화에서 지극히 정상적인 부분이지만, 우리가 위생에 집착하는 데는 그만한 이유가 있답니다. 똥에 있는 세균이나 병원균들은 우리의 입이나 위로 들어가서는 안 되는 것들입니다. 만약에 그랬다가는 끔찍한 문제가 생길 수도 있어요. 손을 꼭 씻으세요!

브리스톨 대변 형태 차트

브리스톨 대변 형태 차트는 현수교와 아스팔트, 콩코드와 함께 브리스톨 대학교에서 인류에게 선사한 수많은 선물 중에 하나입니다. 이 차트는 1997년 브리스톨 왕립병원에서 개발되었는데요, BBC에서 만든 '가장 모욕적인 표현' 공식 리스트와 함께 누구도 적어둘 필요성을 느끼지 못하는 문서이기도 합니다. 그래도 이 차트가 있어서 다행이에요. 이 차트는 정말 잘

이해되는 표현으로 적혀 있습니다. 예를 들어 "소시지나 뱀처럼 매끈하고 부드럽다"처럼 말이에요. 당연히 정상 대변을 표현한 말입니다. 혹시 관심이 있다면 제가 가장 좋아하는 표현은 유형 3입니다. "소시지 같지만 표면에 금이 가 있다"

유형 1		딱딱한 덩어리가 견과처럼 뚝뚝 분리되어 있다(배변이 힘들다).
유형 2		소시지 모양이지만 울퉁불퉁하다.
유형 3		소시지 같지만 표면에 금이 가 있다.
유형 4		소시지나 뱀처럼 매끈하고 부드럽다.
유형 5		윤곽이 뚜렷하고 말랑한 액체 방울 같다(배변이 쉽다).
유형 6		윤곽이 너덜너덜한 거품 조각 같다. 곤죽 같은 변.
유형 7		고체가 전혀 없는 물 같은 변. 전체가 액체다.

대변 차트가 대체 왜 필요한가 생각하실 분도 있을 겁니다. 이상한 똥을 싸는 사람이 얼마나 된다고? 하지만 놀라지 마세요. 남자들의 똥 중에서 정상으로 분류되는 경우는 61퍼센트밖에 되지 않습니다. 여자는 56퍼센트에 불과하고요. 비정상인 똥은 **아주** 많습니다. 여러분은 정상이라고 생각하는 똥이 실제로는 상당히 이례적인 형태일 수도 있어요. 누가 일부러 차트를 만들어주지 않았다면 알 수가 없는 거죠.

대변 이식

마음 단단히 먹으세요. 좀 많이 **역겨울 거예요**. 과민성 대장 증후군처럼 심각하지만 잘 알려지지 않은 소화 장애로 심하게 고생하는 사람들은 극단적인 조치를 택하기도 합니다. 그런 방법 중에 하나가 대변 이식인데요, 저는 **절대로** 시도하지 마시라고 권하는 바입니다. 대변 이식은 과민성 대장 증후군이 장내 세균 수치의 불균형으로 인한 것이 아닌가 하는 생각에서 나온 아이디어인데요, 한두 종류의 세균이 다른 것들보다 너무 많이 증식한 것이 문제의 원인일 수도 있다고 보는 겁니다. 문제를 해결하고 싶은 마음이 너무나 절박한 몇몇 사람들은… 달리 유쾌하게 표현할 방법이 없네요…. 다른 건강한 사람의 신선한 똥을 본인의 항문 속에 분사합니다. 건강한 사람의 똥에 있는 좀 더 균형 잡힌 장내 세균이 비율을 잘 맞춰 증식해서 문제를 해결해주기를 바라는 거죠.

언뜻 보면 일리가 있는 것 같지만 장내 세균을 바꾸는 것이 득이 될지, 실이 될지는 제대로 알려져 있지 않고, 엄청난 부작용도 보고되어 있습니다. 체중이 늘어난 사례가 적어도 한 번은 있었던 것 같고, 정신 건강에 영향을 준 경우도 여러 번 있는 듯합니다. 대변 이식은 미국의 병원에서도 시행되지만, 집에서 대변 이식을 했다는 경우도 많습니다. 그러지 마세요. 위험한 일입니다. 제대로 밝혀지지 않은 부분이고, 더 나쁜 문제를 초래할 수도 있습니다.

우리 몸에서 음식은 어떻게 밀려날까?

음식이나 음료는 입에서 항문까지 우리 몸속으로 한참을 밀려나야 하는데요, 그러기 위해 소화관 속에서 일어나는 마치 물결치는 것과 같은 일련의 수축과 이완 운동을 '연동운동'이라고 합니다. 그게 뭐 대단한 일인가 생각할지 모르지만, 우리 소화관의 길이는 긴 경우 9미터까지도 될 수 있다는 사실을 잊지 마세요. (사실 9미터는 완전히 이완된 상태인 부검시의 길이이고, 실제로 살아 있는 신체 속의 소화관은 수축되어 있기 때문에 그보다 약간 짧을 것으로 생각됩니다.) 내용물을 스스로 짜내는 9미터짜리 치약이나 엄청나게 큰 지렁이가 있다고 한번 상상해 보세요(실제로 지렁이는 소름끼칠 만큼 비슷한 방법을 사용해서 움직입니다). 우리가 바로 그런 것을 갖고 있는 셈입니다. 소화관은 대부분 환상근이라고 하는 고리형의 근육으로 둘러싸여 있는데요, 이 근육들이 서로 협동해서 이런 움직임을 만들어내는 것이고, 우리가 직접 이 근육들을 조종할 수는 없답니다.

음식을 한입 씹자마자, 식도에서는 첫 번째 연동운동이 일어나 이 음식을 위가 있는 아래쪽으로 끌어내립니다. 식도 주변의 신경들이 음식물이 내려오는 것을 감지하면, 가는 길의 앞쪽에 있는 근육들은 음식물이 통과될 수 있게 이완되고 뒤쪽 근육들은 수축되어 음식물을 계속 밀어주게 됩니다. 굳이 생각할 필요도 없이 우리의 신경계가 알아서 움직임을 연출하는 아주 영리한 시스템입니다. 제 친구이자 연구원인 앨릭스 메니스Alex Menys와 헤더 피츠케Heather Fitzke는 저와 함께 런던 대학병원에 가서 MRI 스캔으로 제 몸속에서 일어나는 연동운동을 영상으로 만들었는데요, 이 특별한 영상은 유튜브 채널 GastronautTV에서 보실 수 있습니다.

음식물이 일단 위 안으로 들어가면, 소화기내과 의사들은 이것을 '미즙'이라고 이름을 바꿔서 부릅니다. 혹시 방금 음식물을 토했다면 구토도 연동운동인지 궁금할지도 모르겠습니다. 구토는 연동운동이 **아니라** 그냥 복부 근육이 수축한 결과랍니다.

위가 음식물을 다 처리하면 미즙은 '유문'(조임근처럼 보이지만 실제로는 아닙니다)을 통과해 소장으로 들어갑니다. 소장은 폭은 작지만(가운뎃손가락 정도의 폭) 길이가 6미터 정도로 아주 깁니다. 소장에서는 연동운동이 마치 달팽이처럼 느려집니다(심한 설사에 걸려서 몸이 나쁜 음식을 재빨리 없애려는 게 아니라면 말이죠). 소장은 미즙을 효소와 잘 섞어서 구성성분으로 분해하고, 그렇게 만들어진 분자들을 소장벽을 통해 혈관 속으로 흡수함으로써 신체가 이용할 수 있게 합니다.

소장이 미즙으로 할 일을 다 마치고 나면 내용물은 대장(폭은 6~7센티미터, 길이는 1.5미터)으로 들어갑니다. 그러면 남은 내용물 중에서 유용한 것들은 세균이 분해하고 수분은 혈류로 흡수됩니다. 대장에서 주된 이동 수단은 중력을 통한 이동이지만, 연동운동도 일어납니다. 대장의 연동운동은 하루에 고작 몇 번 일어나는데, 식사를 하면 시작됩니다. 연동운동은 미즙을 직장 쪽으로 밀어냅니다. 직장은 화장실에 갈 준비가 될 때까지 내용물을 보관해두는 보관실이라고 보면 됩니다.

일단 직장에 들어왔다면 내용물은 더 이상 미즙이 아니라 대변입니다. 똥이 들어오면 직장 벽은 팽창되고 그 압박감이 충분히 커지면 팽창수용체가 활성화되어 화장실에 가야 한다는 메시지를 신경계에 보냅니다. 화장실을 가지 않는다면, 변은 다시 대장으로 들어갈 수도 있습니다. 이 말은 곧 평소보다 더 많은 수분이 제거된다는 뜻이고, 더 건조하고 단단한 변이 만들어진다는 뜻이죠. 때로는 변비가 될 수도 있고요. 그러니 화장실을 가야 할 때는 가야 합니다.

준비가 되어 화장실에 앉는다면(쭈그려 앉으면 더 좋죠) 직장에 압력이 계속 쌓이다가 결국 변이 항문관으로 들어서게 됩니다. 변이 자유를 맞기 전 한 번 더 거쳐야 하는 곳이죠. 직장이 수축되면 변은 아래로 내려오고 마지막 연동운동이 변을 항문을 통해 직장 밖으로 밀어냅니다. 마지막으로 속조임근과 바깥조임근이 함께 항문을 당기면서 변을 밀어내면 마침내 변은 세상 밖으로 나오게 됩니다.

이제 손을 씻으세요.

방귀를 뀌지 않으면 어떻게 되나요?

쾅!

사실 방귀를 뀌지 않으면 우리가 폭발한다고 말한다면 너무 단순화시켜서 말한 거겠죠. 실제는 그보다 훨씬 더 고약합니다. 만약 여러분이 방귀를 참을 수 있고 참기로 확고히 마음을 먹었다면, 나타날 수 있는 결과는 아래와 같습니다. 좋은 것부터 나쁜 것 순으로 써두었어요.

1. 통증

먼저 속이 불편하고 더부룩한 느낌이 들 겁니다. 그리고 서서히 그게 통증으로 변할 거예요. 장의 통증은 소화계에 뭔가 문제가 생겼다는 신호입니다. 그러니 계속한다면 미친 짓이 되겠죠. 그래도 계속 참았다면 빠르게 소화불량과 속쓰림으로 넘어갈 겁니다. 그리고 이건 시작에 불과하죠.

2. 숨결에서 방귀 냄새가 난다

방귀가 장 속에 너무 오래 머물면 가스가 결국 혈류로 재흡수되어 호흡으로 배출될 수도 있습니다. 좋은 일은 아니죠.

3. 트림에서 방귀 냄새가 난다

방귀를 집요하게 참는다면 방귀를 트림으로 뱉을 수도 있습니다. 이걸 역류라고 하는데요, 보통은 위 속의 내용물이 아래쪽이 아니라 위로 올라올 때 생기죠. 토할 때처럼 말이에요. 하지만 트림까지 참아서 결국 가스들이 아무 데도 갈 데가 없어지면 다시 장으로 들어갈 수도 있습니다. 그리고 방귀 냄새가 더 진한 산성의 트림을 하게 될 겁니다. 이렇게 공기가 엉망진창으로 흐르는 현상은 과민성 대장 증후군을 가진 사람에게 나타날 수도 있습니다. 이 사람들은 장에서 가스가 더 천천히 통과하는 것으로 보입니다.

4. 장 파열

'게실증'이라는 질병의 원인 중에 방귀를 참는 것도 작용하는 것으로 생각되고 있습니다. 공기가 계속 모이면 장벽에 주머니 같은 것을 만들 수 있어요. 그리고 여기에 염증이 생긴다면 게실 천공으로 이어질 수 있습니다. 그리고 빠르게 진단을 받지 못해 패혈증이 생긴다면 패혈증으로 죽을 수도 있습니다. 그러면 안 되겠죠.

왜 어떤 때는 방귀가 더 뜨겁나요?

다들 겪어본 적이 있죠. 책상에 앉아 관심 있는 사람에게 잠깐씩 한눈을 팔고 있다가, 혹은 그냥 딴 생각을 하다가 갑자기 직장에서 신호가 옵니다. 방귀가 나오려고 기다리고 있다고 말이에요. 그 사람을 한 번 흘끗 봅니다. 그리고 생각하죠. '에이, 그냥 작은 걸 거야.' 그래서 왼쪽 궁둥이를 살짝 들고 조임근을 풀어 최대한 소리가 나지 않게 살살 가스를 배출합니다. 그리고 소리가 나지 않으면 이렇게 생각합니다. '이런 방귀의 신 같으니라고. 잘했어!' 그런데 생각지도 못한 열기로 엉덩이가 뜨듯해지는 것이 느껴지는 순간 우리의 자부심은 당황으로 바뀝니다. 세상에! **그럴 줄은** 몰랐을 겁니다. 지저분하고, 더럽고, 역겨운 냄새가 풍기게 됐다는 것을 본능적으로 아는 우리에게 남은 방법은 하나뿐이죠. 누군가 다른 사람을 탓하는 거예요. 그래서 우리는 주위를 둘러보며 큰 소리로 혀를 차면서 더없이 순진무구한 표정을 짓습니다. 하지만 아무도 속아 넘어가지 않죠. 그러면 우리는 죽을 듯이 괴로워하며 오늘 아침 내가 대체 왜 집을 나섰나 생각하게 됩니다.

뜨거운 방귀의 과학적 원리

그런데 그 조용하지만 치명적인 방귀가 **뜨거운** 이유는 뭘까요? 왜 지독한 냄새를 풍길까요? 이는 모두 장에서 세균이 식이섬유를 분해했을 때 벌어지는 일 때문입니다. 이 과정을 '신진대사'라고 부르는데요, 유기물의 세포에서 일어나는 일련의 화학적 변화를 말합니다. 신체가 연료를 사용할 때 다른 새로운 물질도 만들어지거든요. 세균이 연료를 사용할 때(예를 들어 글루코스가 분해되어 피루브산이 되는 당분해가 일어날 때) 이 해체적 분해 과정을 '이화작용'이라고 합니다. 이화작용을 통해서 분자는 더 단순한 분자로 분해되고 그 과정에서 많은 열을 발생시킵니다. 그래서 방귀가 뜨거운 거예요. 화학적 에너지가 열 에너지로 바뀌는 이 변화를 '발열 반응'이라고 합니다(온도가 올라갑니다). 발열 반응이 생기는 이유는 설탕과 같은 분자는 그 결합 속에 에너지를 축적해두기 때문입니다. 이것들이 분해되면 일부 분자들이 빠르게 움직이는데 그래서 뜨거운 것이죠.

따라서 뜨겁고 냄새나는 방귀는 음식의 신진대사가 일어나기에 완벽한 조건일 때 잘 생깁니다. 장내 세균이 사용할 수 있는 연료가 많고(즉 식이섬유를 많이 먹었고), 오랫동안 식이섬유를 잘 먹거나 프로바이오틱스를 많이 먹어서 장 속에 활동적인 세균이 많으며, 완벽한 내부 열기나 산도로 인해 대사가 일어나기 적절한 때가 바로 그때이죠. 그러니 냄새도, 양도 엄청날 수밖에요. 운이 좋다고 생각하세요!

방귀 뀌는 사람들의 적외선 영상에 관해

인터넷에 들어가보면 방귀 뀌는 사람들의 몰래 카메라 적외선 영상이라고 주장하는 것들이 많습니다. 아주 재미있긴 하지만 모두 가짜입니다. 기쁨의 구름이 퍼져나가는 모습을 찾기 위해 저희가 훌륭한 적외선 카메라를 가지고 수많은 방귀를 촬영해봤지만 방귀 뀌는 모습을 포착하는 것은 불가능합니다. 그냥 누군가 재미난 아이디어가 생각나서 그래픽을 이용해 가짜로 영상을 만들고 우리가 배꼽을 잡게 만든 것에 불과합니다.

Chapter 03
방귀 물리학

HORUMPH!

"PARP!!..."

TRUMP!

"PUMP..."

PFFT!

방귀를 뀌면 왜 그런 소리가 날까?

지저분한 물리학의 영역에 오신 것을 환영합니다. 특히 방귀 소리(엉덩이가 만들어내는 역학적 파동이 소리가 되는 과정)와 조임근의 유체역학(항문을 통해 나오는 가스와 액체의 움직임)에 관해 알아보기로 해요. 여기서는 항문과 조임근에 관한 이야기가 상당히 펼쳐질 테니 마음을 단단히 먹으세요. (의사가 아닌 사람 중에서 저만큼 항문 그림을 많이 본 사람은 아마 없을 겁니다.)

소리는 많은 압력파를 만들어내는 진동으로부터 나옵니다. 인간은 초당 일정 횟수(주파수)로 일어나는 압력파만을 들을 수 있습니다. 구체적으로는 아주 낮은 저음의 경우 초당 20회(20헤르츠)부터 아주 높은 고음의 경우 초당 2만 회(20킬로헤르츠)까지 들을 수 있습니다. 따라서 방귀 소리가 귀에 들리려면 이 숫자들 사이에서 진동하는 무언가로부터 나와야겠죠. 그 진

동하는 무언가가 바로 항문입니다. 구체적으로는 속조임근과 바깥조임근이라고 하는 두 종류의 고리 모양 근육에 의해 빈틈없이 조종되는 직장의 바깥 구멍이죠.

직장(가스와 똥을 보관하는 곳)에 방귀 가스가 차오르면 압력이 쌓이고, 이게 바로 방귀를 뀌어야겠다 혹은 화장실을 가야겠다는 욕구로 느껴집니다. 아주 작은 기계수용체들이 영리하게도 뇌에 메시지를 보내주는 덕분입니다. '뒤를 조심해. 큰 덩어리가 내려오고 있다고.' 이런 느낌은 아주 정교해서 보통 우리는 방귀와 똥을 구별할 수 있죠. 바깥조임근을 풀어주기로 결정하면(속조임근은 우리가 전혀 조종할 수 없지만 바깥조임근은 조종이 가능합니다) 압력이 높아진 가스가 힘을 써서 항문 사이로 작은 구멍을 열 수 있습니다.

그런데 방귀를 내보낼 때 항문은 왜 **진동하는** 걸까요? 왜 그렇게 중요한 소리를 일으키는 걸까요? 흠, 그건 모두 압력과 마찰 때문입니다. 조임근은 방귀를 내보내기 위해 실금처럼 가느다랗게 열립니다. 하지만 가스가 움직이자마자, 방귀가 미처 다 빠져나가기도 전에 항문조임근은 얼른 제자리로 돌아갑니다. 그것은 공기 흐름이 빨라지면서 압력이 낮아지기 때문이기도 하고, 가스가 조임근의 가장자리를 돌아나가는 탓도 있으며, 구멍이 열리자마자 직장의 압력이 다소 감소하는 것도 영향을 미칩니다. 이렇게 되면 순간적으로 구멍은 닫히고, 구멍이 닫히자마자 안쪽의 압력이 약간 높아지면서 다시 구멍을 힘으로 밀어서 열게 됩니다. 그러면 다시 압력이 낮아져서 구멍이 닫히고, 그런 식으로 빠르게 구멍이 열리고 닫히는 동작이 반복됩니다. 이렇고 열리고 닫히는 일이 초당 20번 이상 일어나게 되면, 맞습니다, 사람이 귀로 들을 수 있는 범위에서 일련의 압력파가 생기고 방귀가 되는 거예요! 바로 이때 작용하는 것이 유체역학입니다.* 이상하죠? 그러니 방귀란 직장 내의 고기압과, 항문으로 방귀가 빠져나가면서 만들어지는 저기압 사이의 싸움인 셈입니다.

* 여러분 중에 혹시 물리학에 관심이 있는 분이 있을까 해서 설명드립니다. 유체역학의 핵심 원칙 중에 하나는 '베르누이 원리'라는 것입니다. 유체의 속도 증가는 압력 감소와 동시에 발생합니다. 그러나 유능한 엔지니어라면 누구나 알겠지만 이 원리는 유선(streamline) 내에서만 성립합니다. 문제는 방귀가 속조임근을 지나서 바깥조임근에 도달하고 밖으로 빠져나갈 때 실제로 유선이 어디에 있느냐를 결정하기가 다소 복잡하다는 점이죠(113~115페이지 참조).

방귀가 빠져나갈 때 조임근을 조이거나 풀어주면 방귀 소리를 바꿀 수 있습니다. 조임근을 꽉 조일수록 방귀 소리의 음이 더 높아집니다. 직장 내의 가스의 압력이 높아지고, 꽉 조인 조임근과 작아진 구멍 때문에 진동이 더 빨라지기 때문이죠.

조임근을 너무 느슨하게 풀어줄 경우에는 똥이 나오거나(흔히 **지린다**고 표현하죠) 아니면 방귀가 뚝 그쳐버릴 수도 있습니다. 쉽지 않은 조임근이에요.

이 조임근을 이용해서 재미난 놀이도 할 수 있고(175쪽 참조) 사랑하는 사람과의 관계도 좋게 유지할 수 있습니다. 예를 들어 한밤중에 엄청 큰 방귀가 나올 것 같아서 잠을 깼는데 옆에서 자고 있는 사람을 깨우고 싶지 않다면, 방귀를 뀔 준비를 한 다음 가스가 빠져나갈 때 양쪽 엉덩이를 최대한 벌려서 조임근이 확실히 열리게 하세요. 그러면 조임근이 진동해서 삑삑거리는 소리를 내는 일은 없을 것입니다. 대신에 직장에 있는 가스가 휙 소리만 내면서 탈출해 옆 사람은 눈치채지 못할 겁니다(물론 냄새가 얼마나 독하냐에 따라 다릅니다). 마무리를 조심해야 하지만, 어지간한 사람들은 잘 해낼 수 있을 거예요. 그러다가 아침 7시여서 옆 사람도 일어나야 한다면 엉덩이와 조임근을 최대한 꽉 조여서 있는 힘껏 뿡 하고 내뿜으세요. 좋은 아침!

베르누이 원리냐, 코안다 효과냐

다니엘 베르누이Daniel Bernoulli, 1700-1782는 스위스의 물리학자이자 수학자로 그가 태어난 집안에는 독하고 시기심에 찬 모사꾼 과학자들이 많았습니다. 그가 특히 천재성을 발휘한 분야는 수학을 역학에 적용하는 부분으로, 그의 가장 유명한 업적은 유체역학에서의 에너지 보존을 설명한 '베르누이 원리'입니다. 시시하게 들릴 수도 있지만, 베르누이 원리가 적용되는 사례들은 결코 시시하지 않습니다. 베르누이 원리는 카뷰레터(기화기)가 작동하는 기본 원리일 뿐만 아니라, **어쩌면** 상황에 따라 방귀가 여러 가지 압력과 속도로 움직이는 원리도 설명해줄 수 있을 겁니다.

베르누이 원리의 내용은 이것입니다. '유체의 흐름 속에서 유속이 빠른 곳은 유속이 느린 곳보다 압력이 낮다.'

이 원리가 작동한다는 것을 보여주기 위해 흔히 실시하는 실험은 헤어드라이어를 이용해 탁구공을 공중에 띄우는 실험입니다. 제가 개인적으로 좋아하는 실험은 낙엽청소기 바람으로 비치볼을 띄우는 것이고요. 이런 결과가 베르누이 원리 또는 코안다 효과에 따른 것이냐 아니냐에 대해서는 물리학자들 사이에 논란이 있습니다. 그런데 슐리렌 광학schlieren optics이라고 하는 근사한 시각화 기술을 이용하면 공중에 띄운 공 옆으로 흐르는 공기의 흐름을 직접 분석할 수 있습니다. 그렇게 분석해보면 공이 분사된 공기의 중심에서 멀어져 한쪽으로 밀려나면, 분사된 공기의 바깥쪽 공기 흐름이 가운데보다 느려지게 되고, 그래서 공이 끌리고 밀리면서 다시 가운데로 되돌아오는 것을 분명히 볼 수 있습니다. 베르누이 원리는 닫힌계closed system에 적용되는 것이지만, 이 실험에서도 적용되는 것으로 생각됩니다. 마찬가지로 방귀가 조임근 밖으로 빠져나올 때도 낮은 압력이 형성되어 조임근을 되돌려놓습니다. 방귀를 내보내기 위해 열린 후에는 일시적으로 압력이 떨어지기 때문이지요.

루마니아의 엔지니어 헨리 코안다Henri Coandă, 1886-1972는 군대에서는 형편없는 병사였지만 엔지니어로서는 경이로운 사람이었습니다. 그는 본인의 코안다-1910이 최초의 제트기라고 주장했습니다(동료나 동시대 사람들은 코안다의 것이 최초라고 믿지 않았습니다). 그는 기체역학을 연구했고, 빠르게 흐르는 공기는 볼록한 표면에 달라붙어 압력이 낮은 영역을 만들어낸다는 사실을 알아냈습니다. 코안다 효과라고 알려진 이 원리는 공중에 띄운 비치볼이 공기 흐름의 중간에 머무는 이유를 설명해주는 또 다른 원리입니다. 만약 공이 분사된 공기 중심으로부터 벗어난다면 공기 흐름 중에서 공의 볼록한 표면과 맞닿은 공기가 더 빨리 흐르게 됩니다(따라서 압력은 더 낮습니다). 속도가 더 느리고 난기류를 형성하는(그리고 압력이 더 높은) 공기의 바깥 흐름에 비한다면 말이죠. 이 때문에 공은 밀리거나 끌려서 다시 가운데로 돌아가게 됩니다. 상당히 복잡한 원리인데, 이런 똑같은 압력의 변화가 여러분의 조임근 끝에서도 일어날 가능성이 높습니다.

낙엽청소기로 슈퍼 조임근을 만드는 방법

간단합니다. 먼저 거대한 조임근이 필요합니다.

1. 싱크대에 있는 고무장갑을 가져오거나 지름 1미터의 풍선을 하나 사세요(풍선이 특히 멋집니다). 고무장갑이라면 손가락을 잘라내고 고무 소매만 남깁니다. 풍선이라면 횡으로 반을 가릅니다(즉, 풍선 목을 자르는 게 아니라 가로로).
2. 낙엽청소기를 가져오세요. 위험할 수 있으니 조심하세요. 절대로, **절대로!** 낙엽청소기를 얼굴 쪽으로 향하게 해서는 안 됩니다. 기계 속에 모래 한 알만 들어 있더라도 눈을 다칠 수 있습니다. 절대로 그러지 마세요.
3. 고무장갑이나 풍선의 가장 얇은 부분을 낙엽청소기 끝부분 위에 대고 강력한 테이프로 단단히 감습니다.
4. 귀에 귀마개를 하거나 헤드폰을 쓴 채로 친구에게 낙엽청소기를 들게 합니다. 낙엽청소기가 나를 향하지 않도록 그 옆에 서서 양손으로 고무장갑/풍선의 테이프가 감기지 않은 쪽을 꽉 잡고 양옆으로 당기면서 준비를 합니다.
5. 친구에게 스위치를 켜라고 말합니다. 공기가 낙엽청소기로 빨려 들어가는 동안 조임근을 당겼다가 풀었다가 하면서 파닥거리는 고무가 방귀 비명을 지르도록 소리를 조정하세요.
6. 행복한 하루 보내세요.

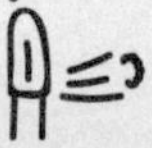

하수 처리장은 어떻게 작동할까?

대소변과 각종 화장실 쓰레기가 하수 처리장을 통과하는 과정은 인간의 소화 과정과 놀랄 만큼 비슷합니다. 세균에 의한 분해도 있고, 최상급 가스가 만들어지며, 연동운동에 해당하는 끊임없는 수송 과정도 있습니다. 최종 산물은 깨끗한 물과 곧 땅에 뿌려질 질 좋은 비료입니다(생명에 필수적인 질소 순환이 완성되는 거예요). 여기까지만 해도 아주 매혹적이지만, 하수 처리장은 나선식 펌프와 거대한 침전 탱크, 미래에서 온 것처럼 보이는 생물소화조biodigester를 갖춘 거대한 규모의 엔지니어링 프로젝트이기도 합니다. 정말이지 누가 봐도 아주 신기한 광경이에요. 사람들이 디즈니랜드를 왜 가는지 모르겠다니까요. 저는 제 친구 모하메드 사디크Mohammed Saddiq를 따라서 브리스톨 근처에 있는 웨섹스 워터스 에이번마우스Wessex Water's Avonmouth

하수 처리장을 둘러보았는데요, 너무 좋아서 몇 번을 다시 갔답니다.

하수 처리장의 기본적인 역할은 가정의 하수와 공장 폐수, 도시의 빗물을 구성 요소별로 분리하는 것입니다. 하수 처리장의 원칙은 가능하기만 하다면 모든 것이 재활용되어야 한다는 것입니다. 깨끗한 물은 강이나 바다로 돌아가고, 고형물이나 더 큰 쓰레기는 에너지 재생 발전소로 보내는(아무것도 쓰레기 매립장으로 보내지 않는) 거예요.

변기에 물을 내리고 나면 각종 오물이 집을 빠져나와 파이프망과 하수관으로 들어갑니다. 하수 처리장에 도착할 때까지 이 모든 것이 움직일 수 있게 펌프장이 연결되어 있고요. 집안에 가정용 하수 시스템이나 정화조, 산소 처리 시설이 있는 것이 아니라면 그렇습니다. 정화조는 보통 집에서 조금 먼 곳의 땅 속에 묻혀 있는 커다란 컨테이너입니다. 모든 오물은 정화조로 흘러들어가서 산소 없이 세균에 의해 추가적으로 분해됩니다. 정화조는 1차적인 처리 시스템에 불과해서 폐기물을 주기적으로 빨아내어야 하고 반쯤 처리된 오수는 곧장 땅으로 흘러듭니다.

하수 처리장에 도착한 하수는 보통 곧장 거대한 나선식 펌프를 따라 올라갑니다. 이 시스템은 중력을 이용해 액체가 끊임없이 흐르게 되어 있기 때문에 높이가 아주 중요합니다. 그 다음에 오는 것이 예비처리 과정입니다. 이 과정에서 하수는 체 같은 것을 통과해 크기가 있는 고형물들을 걸러냅니다. 그 다음은 1차 처리 과정인데요, 하수를 커다란 탱크에 담아서 무거운 고형물은 아래로 가라앉아 두꺼운 오니Sludge로 쌓이게 합니다. 더 가벼운 고형물이나 지방, 기름 같은 것들은 오물 거품처럼 위로 떠오르게 됩니다. 이 탱크는 원형의 커다란 풀인데 혹시라도 하수 처리장 근처를 지나본 적이 있다면 아마 본 적이 있을 거예요.

만약 비가 많이 와서 하수 처리장이 용량을 초과할 위험이 있으면 일부 하수 처리장은 나머지 물 처리 과정을 우회해서 커다란 빗물 탱크에 물을 저장해두었다가 비가 그치면 다시 그

물을 처리합니다. 그렇지 않은 경우에는 1차 처리된 하수에 공기를 주입해서(에어레이션) 2차 처리장으로 보내게 됩니다. 그곳에서 자연적으로 발생하는 미생물을 이용해 물에 아직 녹아 있는 생물학적 물질을 처리하고 분해하고 제거합니다. 그러면 이제 그 물을 다시 자연으로 내보낼 수 있습니다(이 물이 예민한 생태계로 들어갈 거라면 약품 소독을 통한 정밀 여과를 거치는 3차 처리 과정이 있을 수도 있습니다).

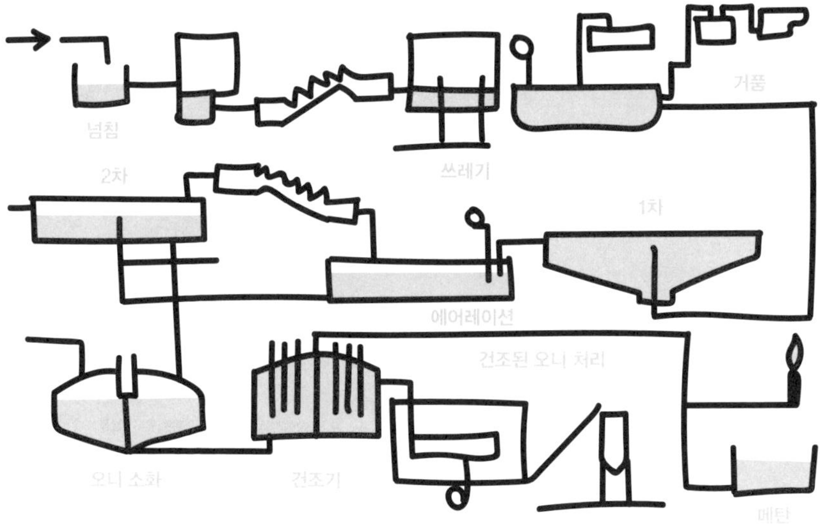

정말 근사한 부분은 1차 처리와 2차 처리 모두에 있는 오니 소화 과정입니다. 탱크 바닥에 가라앉은 고형물들은 제거되어 혐기성 오니 생물소화조로 보내지는데, 대장이 작동하는 방식과 아주 비슷합니다. 다양한 세균들이 유기물을 분해하면서 어마어마한 양의 메탄(에이번마우스에서는 이 메탄을 이용해서 하수처리장에 전력을 공급하고 가스망으로 바이오메탄을 보냅니다)과 물을 만들어내는 거죠. 여기서부터 오니는 원심 분리기라고 하는 커다란 회전 기계로 들어가 물기를 제거하고 오니 비료가 됩니다. 대형 트럭들이 이 수분 빠진 오니를 수거해가서 비료로 땅에 뿌리게 됩니다.

방귀 버스

스위스 남부에 있는 티치노주의 공식 언어는 '스위스식 이탈리아어'입니다. 그래서 티치노의 버스와 철도 회사 이름은 'Ferrovie Autlinee Regionali Ticinesi'인데요, 앞 글자를 따서 줄이면 FART(방귀)가 된답니다. **'방귀 버스'**인 거지요.

단순히 웃긴 약어를 이야기하려 했던 것은 아니고요. 우리가 관심을 가질 방귀 버스는 '젠에코GENeco'라고 하는 영국 회사에서 나오는 버스입니다. 젠에코는 친환경 에너지 기업으로, 흔히 사용하는 디젤 연료가 아니라 바이오메탄biomethane이 연료인 버스를 만듭니다. 바이오메탄은 분뇨와 식품 폐기물에서 만들어지는 연료입니다. 저는 바스에서 브리스톨까지 이 버스를 몇 번 타 보았는데요, 꿈꾸는 기분일 뿐만 아니라 아무런 냄새도 나지 않는답니다(하지만 버스 옆면에는 마치 승객들이 변기에 앉아 있는 것처럼 보이는 근사한 그림이 그려져 있습니다). 이 버스는 유해 입자 배출을 97퍼센트나 낮추고 질소산화물 배출을 80~90퍼센트 낮추는 등 대성공을 거두었습니다. 당연히 이산화탄소 배출도 아주 훌륭한 수준이랍니다.

젠에코는 또 폭스바겐에서 만드는 자동차 비틀을 개조해 순전히 분뇨를 연료로 이용해 달릴 수 있게 하기도 했습니다. 트렁크에 있는 가압 탱크에 연료를 한 번 가득 채우면 370킬로미터를 갈 수 있다고 하네요. 저는 GastronautTV 프로그램 제작 때문에 이 비틀을 한번 운전해 보았는데요, 꽤 힘이 좋더라고요. 아니요, 방귀 냄새는 나지 않습니다.

여기에 사용되는 메탄은 브리스톨 인근의 웨섹스 워터스 에이번마우스에 있는 일련의 거대한 생물소화조(커다란 구형의 시설이에요)에서 만들어집니다. 분뇨와 음식물 쓰레기에 세균을 주입하고 적절한 온도와 산도를 유지하면 메탄이 만들어집니다. 이 과정은 '혐기성'으로 진행되는데, 세균들이 산소 없이 오물들을 분해한다는 뜻입니다. 모든 사람이 메탄을 만들어 내는 것은 아니지만 저는 이 사랑스러운 프로젝트를 거대한 방귀라고 부르고 싶네요. 방귀 버스도, 바이오 버그Bio Bug도 이런 아이디어가 가능하다는 콘셉트 증명용 프로젝트이지만, 브리스톨에 있는 하수 처리장은 현재 매일 5만 6000세제곱미터라는 어마어마한 양의 바이오가스biogas를 만들어내고 있습니다. 이 가스들은 천연 가스를 직접 대체하고 있고 몇몇 버스 회사는 앞으로 이 기술을 이용할 계획입니다.

방귀 기계 만드는 방법

(부서 예산이 필요한 분이라면 **혐기성 소화조**라고 쓰세요.)

학교 선생님이나 방귀의 열렬한 팬을 자처하는 DIY족들을 위해 진지한 가이드를 준비했습니다. 실제 똥이 필요하고 전기 장비 등을 액체 가까운 곳에 설치해야 하므로, 부디 조심해서 교차 감염 위험을 고려하고 위험 요소를 미리 철저히 평가해보시기 바랍니다. 저는 집에서 냄새나는 혐기성 소화조를 만들었다가 아내에게 크게 혼이 났어요. 그러니 가족들의 동의를 구하시기 바랍니다. 이 기계는 살아서 숨을 쉬는 유기체이기 때문에 끊임없이 확인을 해줘야 해요. 산도가 어긋나면 죽고 말겁니다. 윗부분에 딱딱한 층이 생긴다면 독성이 생겨서 죽을테고요. 연료 공급이 잘못되어도… 어떻게 되는지 아시겠죠?

방귀 기계를 만들기 위해서 필요한 것들은 제가 모두 목록을 만들어두었습니다. 준비물들을 실험용 기기 판매상에서 구입해도 좋지만 주위에서 볼 수 있는 것들로 대체해서 사용해도 됩니다. 수중 히터는 꼭 하나 준비하시라고 추천하고 싶어요. 왜냐하면 기계 전체가 꾸준히 37℃를 유지해야 하거든요.

아, 그리고 방귀 기계를 만들고 나면 처음에는 종균 배양이 필요합니다. 양동이에 똥을 누어서 그대로 사용하면 가장 좋아요. 소똥을 사용했다는 사람들의 얘기도 들어보았는데요, 소의 소화계는 인간과는 달라서 오랫동안 사용할 수 있는 기계를 만드는 데 필요한 세균을 얻지 못할 수도 있습니다. 몇 가지 주의 점을 말씀해드리면 다음과 같습니다.

1. 처음 기계를 만들어서 가동을 시작하면 너무 많은 가스가 만들어져서 깜짝 놀라실 겁니다. 하지만 지나치게 흥분하지는 마세요. 처음에 나오는 가스는 이산화탄소가 대부분이고 메탄은 많지 않거든요. 안정화가 필요하답니다. 제가 여러 번 만들어본 결과 한 번은 곧장 작동했지만, 또 한 번은 잘 작동하지 않아서 3주나 걸려서 다시 가동해야 했어요! 물론 여자의 똥이 메탄을 가장 잘 만들어냅니다. 만약 여러분이 여자가 아니라면 어느 여자 분에게 아주 정중하게 부탁을 해야만 똥을 구할 수 있을 겁니다.

2. 산도를 확인하고 규칙적으로 열을 가해주세요. 공기가 잘 통하도록 하고 규칙적으로 연료를 공급하세요. 저는 여러분이 어느 정도의 기술과 상식을 갖고 있다는 가정하에 방법을 안내하고 있습니다. 일부 도구는 다른 것으로 대체하거나 잘 맞도록 직접 손을 보아야 할 수 있습니다.

3. 학교 선생님들(혹은 누구든 다른 사람과 함께 이 기계를 만들고 있는 분)은 문제가 생길 경우 적절하게 대처할 수 있도록 위험 요소를 잘 평가해야 합니다. 위생이나 세균 오염 문제에 특히 주의하세요.

준비물

필요한 실험 도구는 아래와 같습니다.

주의 : 주문하는 실험 도구가 모두 호환 가능한지 잘 확인하세요(파이프의 지름이나 마개 등). 저는 팀스타Timstar(제가 이용하는 실험용품 기업입니다)에서 주로 구입하였는데 어디서 구하든 상관없습니다.

수중 히터
전원 장치
4밀리미터 플러그 연장선(빨간색)
4밀리미터 플러그 연장선(검정색)
보조 장치 : LCD 스트립
1리터짜리 필터 플라스크 3개
2구멍 마개 3개
PVC 튜브
1회용 주사기
빨간색 고무 튜브

Y자 어댑터
T자 어댑터
호프먼 클립 여러 개
가스 주사기
실험용 스탠드
고무 코팅된 클램프
보스헤드 클램프
가스 수집병
가스 수집병 받침
가스채취용 수조

추가 준비물 :

수족관(최소 가로세로 41×21센티미터)
똥 1리터와 미온수 500밀리리터를 섞은 것
연료(다이제스티브 비스킷, 우유, 가루 설탕)
고무풍선

선택형 준비물 :

소형 자석 교반기(교반용 막대자석 포함) 3개

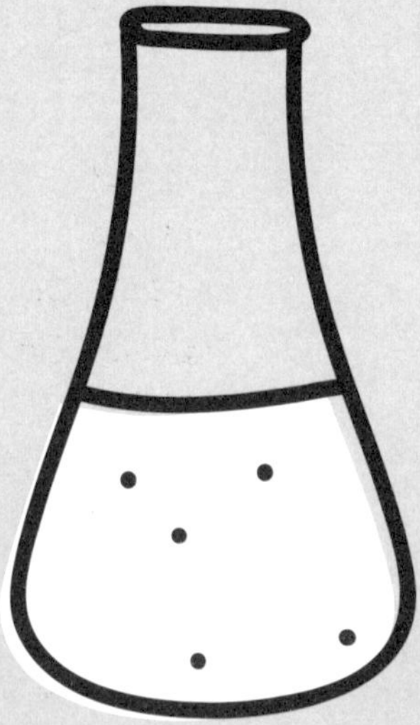

만드는 방법

1. 쉽게 옮길 수 있도록 큰 쟁반을 한두 개 깔고 그 위에 방귀 기계를 조립하세요.
2. LCD 온도 조절 장치와 수중 히터를 전원 장치에 연결하고 수족관에 설치하세요(전원 장치를 물과 떨어진 곳에 설치하도록 주의하세요). 수족관에 물을 채우세요. 전원 장치를 최대 전압 12볼트로 조절해서 물의 온도를 37℃로 유지하세요. 절연처리를 할 때는 나중에 조정할 수 있도록 느슨하게 만드세요.
3. PVC 튜브를 30센티미터 길이로 3개를 잘라 각각 2구멍 마개에 끼우세요. 마개를 1리터짜리 필터 플라스크에 끼웠을 때 튜브 끝이 거의 플라스크의 바닥에 닿게 하고 적어도 5센티미터는 마개 밖으로 보이게 만드세요. 이것들이 초과 물질을 내보내는 '배출 튜브' 역할을 할 겁니다.
4. PVC 튜브를 10센티미터 길이로 3개를 잘라 각각 2구멍 마개의 남은 구멍에 끼우세요. 마개를 끼웠을 때 플라스크 내부에는 튜브가 최소한으로 보이게 하고, 마개 위로 올라오는 튜브가 최소한 5센티미터는 되도록 만드세요. 이게 '연료 튜브'가 될 겁니다.

5. 마개 위로 튀어나와 있는 튜브에 호프먼 클립을 모두 부착하고 연결 부위를 단단히 밀봉하세요.
6. 빨간색 고무 튜브와 Y자 어댑터를 이용해 각 필터 플라스크의 가지에서 나온 가스가 하나의 튜브로 모아지게 하세요. 이 끝부분에 T자 어댑터를 연결하고 20센티미터 튜브와 60센티미터 이상 길이의 튜브에 이어지게 하세요. 이게 가스 생산 시스템입니다.
7. 가스채취용 수조에 차가운 물을 채워 수족관 옆에 두고, 가스 수집병 받침을 넣으세요. 가스 수집병 받침 위에 실험용 스탠드와 고무 코팅된 클램프, 보스헤드 클램프를 설치하고 물을 채운 가스 수집병을 뒤집어서 세우세요.
8. 60센티미터 이상 길이의 가스 배출 튜브를 가스 수집병에 넣고 튜브 끝이 병 꼭대기에 가도록 하세요. 고무풍선이나 가스 주사기를 가스 생산 시스템의 남은 20센티

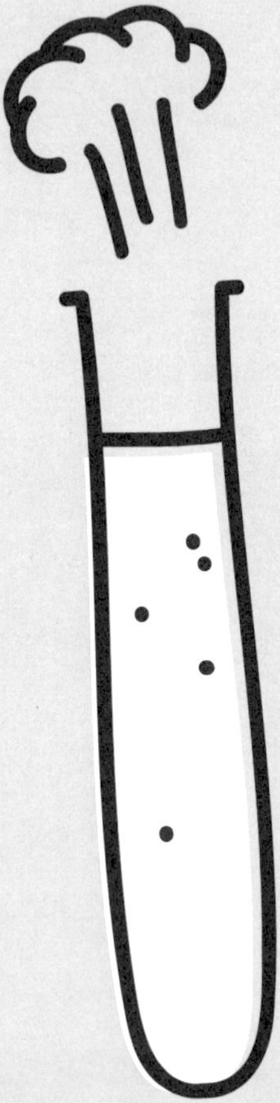

미터 튜브에 연결하세요.

9. 가스가 만들어지면 가스 튜브에 있는 물을 밀어내게 될 겁니다. 가스 배출 튜브가 수면보다 높아야 가스가 가스 주사기로 빠져나와 우리가 분석에 이용할 수 있습니다. 가스 주사기를 시스템에서 분리할 때는 먼저 주사기 끝의 호프먼 클립이 닫혀 있는지 확인하세요.

시작 및 유지

1. 각 플라스크에 똥과 물을 섞은 용액 500밀리리터를 넣고 마개를 꽉 막습니다. 추가로 자석 교반기를 사용할 거라면 플라스크를 넣게 될 수족관 밑에 교반기를 설치하고, 플라스크를 봉인하기 전에 각 플라스크에 교반용 막대자석을 넣어두세요. 3개의 플라스크를 수족관 속에 넣습니다. 처음에는 플라스크가 물에 뜨지 않도록 테이프로 고정해줘야 할 수도 있어요.
2. 이틀간 똥을 그대로 둡니다.
3. 가루 설탕 20그램과 잘 갈아놓은 다이제스티브 비스킷을 섞습니다. 우유를 첨가해서 걸쭉한 액체로 만듭니다. 이게 연료이고, 대량으로 만들어서 냉장고나 냉동실에 넣어두

어도 됩니다.

4. 연료를 줄 때는 음식을 주사기에 넣은 다음, 필터 플라스크 마개에 있는 연료 튜브에 연결합니다. 빈 주사기를 동일한 필터 플라스크의 배출 튜브에 연결합니다. 호프먼 클립을 열고 연료를 플라스크에 주입한 다음, 같은 양의 소화된 내용물을 빼냅니다. 클립을 닫고 주사기 두 개를 제거한 후 소화된 내용물은 버립니다.
5. 처음의 휴지기가 지나고 나면 플라스크마다 연료의 공급량을 하루 5밀리리터씩 늘립니다. 하루 연료 공급량은 30밀리리터를 넘기지 않도록 합니다. 연료량이 30밀리리터에 도달하면 하루에 두 번 15밀리리터씩 공급합니다.
6. 어느 경우든 가스 생산량은 점차 늘어날 겁니다. 플라스크에서 많은 양의 가스를 만들어낼 텐데 혹시 가스 생산량이 급감한다면 가스 생산이 다시 늘어날 때까지 연료 공급을 중단하세요. 그런 다음 다시 서서히 연료 공급을 늘려가면 됩니다.
7. 행운을 빕니다!

"내 아내는 참 재밌어." 어느 남자가 말했다. "아내 생일이었는데 근사한 프랑스 식당을 가고 싶다는 거야. 그래서 멋지게 차려입고 출발했지."

"어." 친구가 말했다. "어땠어?"

"더럽게 비쌌는데 음식은 나쁘지 않았어. 그런데 양이 너무 적어서 나가서 방귀 한 번 뀌면 다시 배고프겠더라고."

『방귀의 역사 *The History of Farting*』

벤저민 바트Benjamin Bart 박사 지음

Chapter 04
방귀 박사에게 물어봐

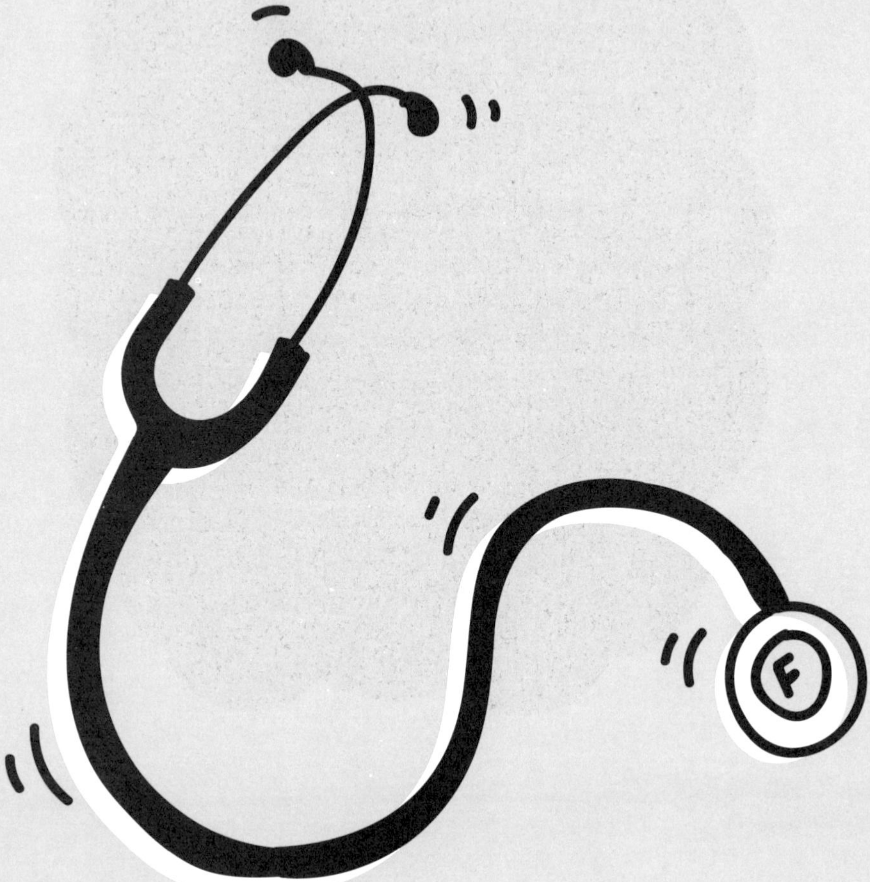

장에서 무슨 일이 벌어지는지 어떻게 볼 수 있을까?

저는 아름다운 신체를 갖고 있습니다. 겉은 좀 부실해 보일 수도 있지만, 속은 정말 **근사합니다**. 제가 이 사실을 아는 이유는 1회용 필캠PillCam(작은 고프로GoPro 같은 거라고 보시면 됩니다)을 비롯해 카메라 여러 대를 먹고 제 속에 뭐가 있는지 보았거든요. MRI 스캔도 여러 번 받았고요. 특별히 어디가 아픈 것은 아니지만 궁금해서 들여다보지 않고서는 도저히 못 배기겠더라고요.

위내시경(보통 '위내시경'이라고 부르지만 정확한 명칭은 '식도위십이지장경술'이랍니다)은 카메라를 목구멍으로 넣어서 위를 통과해 소장의 첫 부분인 십이지장까지 들여다보는 검사입니다. 우리로서는 위내시경이 뭐 그리 유쾌한 작업은 아니지만, 진단 방법으로서는 아주 유용하기 때문에 의사 선생님들이 아주 좋아합니다. 혈액 검사나 세균 배양도 훌륭한 방법이지만 저 속으로 들어가 직접 이곳저곳 들여다보는 것과 비교할 수는 없겠죠. 여러분도 만약 소화 상태가 만족스럽지 않거나 방귀에 무언가 잘못된 낌새가 있다면 머지않아 소화기내과 선생님을 만나 아주 길고 잘 구부러지는 손잡이를 가진 유용한 카메라를 보게 될 겁니다.

저는 세 종류의 위내시경을 받아보았는데요, 필캠과 작은 경비내시경, 그리고 더 큰 식도위십이지장경을 사용했습니다. 약간 품위가 떨어지는 감은 있지만 모두 근사한 도구들이에요.

필캠은 조명이 부착된 기발한 소형 카메라입니다. 길이가 2.5센티미터 정도 되는 작은 알약 하나에 카메라가 통째로 들어가 있지요. 환자의 몸에 가장 부담을 주지 않으면서도 아주 흥미로운 기술이에요. 필캠은 마치 음식처럼 여러분의 소화계를 따라 둥둥 떠다니면서 그 작은 조명을 번쩍번쩍 비추고 지나는 곳을 촬영합니다. 필캠은 십이지장을 곧장 통과해서 소장과 대장 전체를 지나 직장과 항문을 통해 밖으로 나온다는 장점이 있습니다. 단점은 특정 지점에서 주위를 둘러보게끔 조종할 수가 없고 궤양이라든가 이상이 있는 부위를 지날 때 꼭 그곳을 비추고 있지 않을 수가 있습니다. 여담이지만 저는 필캠을 삼킨 다음날과 그 다음날 똥에서 반짝거리는 카메라를 발견할 수 있지 않을까 하고 유심히 살펴보았는데 그런 일은 일어나지 않았어요. 차라리 잘된 일입니다. 안 그랬으면 제가 그걸 건져내서 다시 삼키고 싶은 유혹을 느꼈을 테니까요.

저는 또 조명이 달린 소형 카메라를 사용하는 경비내시경도 받아보았습니다. 아주 작은 탐침이 코로 들어가서 식도를 통과해 계속 내려가는 거죠. 제 경우에는 의자에 똑바로 앉아 내시경을 받았는데요, 이때 좋은 점은 검사를 해주시는 분과 내내 대화를 나눌 수 있다는 점입니다(원한다면 말이에요). 카메라가 코에 끼어 있는 기분이 약간 불편하기는 하지만, 아프지는 않습니다. 그리고 이 카메라는 상당히 잘 조종할 수가 있어서 의사 선생님이 보고 싶은 곳을 아주 잘 들여다볼 수 있습니다. 단점은 코로 들어갈 수 있을 만큼 작은 카메라를 써야 하기 때문에 비교적 해상도가 낮다는 거예요. 그래서 화질이 아주 선명하지는 않습니다.

완전한 식도위십이지장경술은 제가 가장 좋아하는 검사 방법입니다. 상당히 큰 내시경을 사용하는데, 립스틱 크기의 카메라는 해상도가 높고, 온전히 조절이 가능한 팔이 달려 있고, 거기에 조명이라든가 장벽에 붙어 있는 내용물을 씻어 내릴 수 있는 물총, 카메라가 필요한 것을 정확히 볼 수 있게 장을 팽창시킬 수 있는 압축 공기 장치 등 온갖 특수 기능까지 장착되어 있습니다. 또 카메라의 움직임도 다른 것들과는 비교도 할 수 없을 만큼 잘 조종할 수 있어서 180도를 돌아가며 여러분의 내장 구석구석을 빈틈없이 조사할 수 있어요. 카메라를 내리는 동안 여러분이 깨물지 않도록 입에는 마우스가드를 끼우게 됩니다. 내시경에는 조작할 수 있는 여러 버튼이 달려 있는데요, 노련한 소화기내과 선생님은 최고의 영화 카메라 감독 못지않습니다. 문제는 아주 불편하다는 점이에요. 먼저 카메라를 목 뒤로 넘겨야 하고 그다음에도 내시경이 장 속을 돌아다니는 것이 느껴집니다. 또한 카메라를 물고 있는 동안 계속 구역질이 올라오고 주입된 공기를 트림으로 뱉어내야 하기 때문에 다소 품위가 떨어지는 문제도 있습니다. 그리고 스프레이로 미리 목구멍에 뿌려두는 바나나 향의 국소 마취제 때문에 목이 아플 수도 있습니다. 하지만 놀랄 만큼 고해상도의 영상을 얻을 수 있고, 움직임을 조종해 장 속을 1밀리미터 단위로 검사할 수 있다는 점을 고려하면 그 정도 불편쯤은 아무 것도 아니에요. 아, 그리고 이 큰 내시경은 몸에 칼을 대야 하는 외과적 수술을 대신할 수도 있답니다.

어떤 분들은 내시경 자체가 두려울 수도 있습니다. 하지만 제 말을 잘 들어보세요. 불편하고 낯선 과정이기는 하지만 실제로 아프지는 않고요, 깜짝 놀랄 만큼 금방 끝날 겁니다. 저는 런던 대학병원의 도움으로 친구인 필 우들랜드Phil Woodland와 헤더 피츠케한테서 내시경을 받았는데, 모두 온라인에 올려두었으니 관심 있으신 분들은 유튜브 채널 GastronautTV에서 확인해보세요.

방귀를 너무 많이 뀌는데 어떻게 하면 줄일 수 있을까요?

만약 **정말로** 방귀를 너무 많이 뀐다고 생각하는 분이라면 방귀를 줄일 방법이 몇 가지 있긴 합니다. 하지만 위험을 감수하셔야 해요. 방귀를 억제하는 게 꼭 좋은 생각은 아니랍니다.

'너무 많은' 것은 어느 정도일까?

방귀를 너무 많이 뀐다고 불평하는 사람들에게 가장 흔히 사용하는 치료법은 그렇지 않다고 설득하는 것입니다. 잘 작동하고 있는 소화계라면 매일 1.5에서 2.5리터의 건강한 가스를 생산합니다. 대부분의 사람은 본인이 뀌는 방귀의 양을 좋아하지 않지만 그게 반드시 본인에게 나쁜 것은 아닙니다.

식단을 바꾼다

가장 크게 변화를 줄 수 있는 부분은 식단입니다. 하지만 가장 위험한 방법이기도 해요. 식이섬유 섭취량을 줄일 수는 있겠지만, 권장 섭취량이 30그램인 식이섬유를 영국인의 경우 하루에 평균 18그램밖에 섭취하지 않습니다. 굳이 잔소리를 하고 싶지는 않지만, 고기, 생선, 유제품은 맛은 훌륭해도 섬유질이 들어 있지 않다는 사실을 명심하세요. 섬유질은 심장병과 당뇨병, 체중 증가, 암 발생을 막는 데 도움을 주고 소화 건강을 개선합니다. 섬유질 섭취를 멈춘다면 변비에 걸릴 겁니다. 주의하면서 의사와 상담을 하겠다고 **약속하신다면**, 방귀를 줄일 수 있을지도 모를 방법들은 다음과 같습니다.

- 콩 섭취를 조금 줄인다(콩에는 보통 올리고당이라고 하는 복합당이 들어 있습니다. 특히 라피노스가 들어 있는데 가스를 굉장히 많이 만들어냅니다)
- 돼지감자나 양배추, 콜리플라워, 양파, 마늘처럼 섬유질이 많은 채소 섭취를 조금 줄인다.

유당 분해 효소 결핍증이 있어서 유당 분해 효소가 부족한 사람들은 소장에서 유당을 분해하지 못합니다. 그러면 대장에서 분해되면서 세균들이 가스를 만들어내게 되죠. 이런 문제를 가진 사람이라면 치즈를 비롯한 유제품 섭취를 줄이되, 다른 곳에서 충분한 칼슘을 섭취할 수 있게 주의하세요.

삼키는 공기의 양을 줄인다*

무언가를 씹거나 마시는 속도를 늦추세요. 사탕이나 펜 끝 등을 빨지 말고, 담배를 끊고, 껌을 씹지 마세요.

높이 올라가지 않는다

비행기를 타거나 우주 조종사가 되거나 암벽을 등반하지 마세요. 고도가 높은 곳에 올라가면 장 속이 엉망이 됩니다. 호주의 한 연구에 따르면 빠르게 등산을 한 지 8~11시간 후에는 방귀가 두 배로 늘었다고 합니다. 혈류에는 많은 양의 이산화탄소가 녹아 있는데, 고도가 높아지고 기압이 떨어지면 이 이산화탄소가 체내에서 '확산'하게 됩니다. 아마 이게 장을 팽창

* 이상한 소리처럼 들리죠? 하지만 호흡을 하는 것과 공기를 삼키는 것은 아주 다릅니다. 공기를 삼키는 것은 공기연하증이라고도 합니다. 숨을 쉴 때는 목구멍 앞에 있는 기관 혹은 기도를 통해 공기를 폐 속으로 끌어들입니다. 하지만 음식을 먹을 때는 이파리 모양의 물렁뼈 덮개인 후두덮개가 기관을 닫아서 음식물이 더 작고 유연한 관인 식도로 들어와서 위로 들어가게 합니다. 따라서 음식이 폐로 들어갈 수는 없지만 공기나 다른 가스가 위로 들어가서 음식물이나 음료수와 섞이는 것은 가능합니다. 일부는 트림으로 뱉어내지만 상당량은 소화계를 따라 움직이면서 혈류에 흡수되거나 결국 방귀로 나오게 됩니다. 그러니 삼키는 공기의 양을 줄이면 방귀도 조금 줄어들 겁니다.

시키고 분출되었을 가능성이 큽니다. 상업용 비행기는 가압을 하기는 하지만, 해발 800미터에서 2400미터 수준으로만 가압을 하기 때문에 똑같은 문제가 생깁니다.

소르비톨을 피한다

껌이나 당뇨병 환자를 위한 무설탕 식품을 피하세요(물론 당뇨병 환자는 예외입니다). 그 속에는 종종 소르비톨이라고 하는 감미료가 들어 있거든요. 이것들은 소장에서 소화되지 못하고(그러니 식이섬유입니다), 가스를 만들어내는 세균들이 열심히 분해하게 됩니다.

한 번에 먹는 양을 줄인다

조금씩 자주 먹음으로써 음식이 위장에서 천천히 빠져나오게 하세요. 그러면 소장에서 최대한 많이 소화가 진행될 수 있고, 가스를 만들어내는 대장에서 소화할 것들이 줄겠지요.

비행기를 탔을 때 옆좌석 사람들이 걱정된다면, 걱정마세요. 이산화탄소가 많이 들어 있는 방귀는 평소보다 훨씬 냄새가 덜 날 가능성이 큽니다.

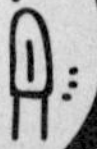

탄산음료를 먹지 않는다

탄산음료를 줄이세요. 탄산음료에 들어 있는 이산화탄소의 일부는 결국 방귀가 되거든요.

민트

페퍼민트 차를 마시세요. 대부분 과민성 대장 증후군을 가진 사람들에 관한 연구에서 나온 결과이지만, 페퍼민트는 위 근육을 진정시키고 복부 통증을 줄여준다고 알려져 있습니다.

의사와 상담한다

소화기내과 의사에게 아래와 같은 사항을 물어보세요.

- 알파갈락토시다아제: SF 영화에 나오는 휴가지 이름 같지만 실제로는 당지질과 당단백이라고 하는 올리고당을 분해하는 효소입니다.
- 프로바이오틱스: 여러 가지 위장 문제를 일으킬 수도 있지만(장내 세균을 엉망으로 만들 위험이 있습니다), 일부 조합은 효과가 있는 것으로 밝혀졌습니다.
- 항생제: 이 부분은 위험할 수 있습니다. 하지만 최근 '리팍시민'이라는 항생제에 관한 어느 연구 결과를 보면 분

명히 가스 생산이 줄어드는 효과가 있었습니다. 시간이 지나면서 효과가 줄어들기는 했지만 상당 부분 효과가 남아 있었어요.

- 시메티콘: 거품을 막아주는 약품인데 장 속에 있는 거품을 분해합니다. 급성 설사에 걸린 경우 효과가 있었습니다.

숯

활성탄 알약을 먹어보세요. 이상하게 들리죠? 활성탄은 내부에 미세한 구멍이 아주 많은 구조를 하고 있어서(사실상 내부 표면이 아주 넓은 스폰지라고 보시면 돼요) 분자들이 잘 달라붙습니다. 경구 투약하는 것이 효과가 있느냐에 관해서는 논쟁이 있고(아무 분자나 마구 달라붙는 경향이 있습니다), 효과가 없다고 말하는 연구도 최소한 하나는 있습니다.

방귀의 냄새를 줄이려면 어떻게 해야 하나요?

1. 배추류(양배추, 브로콜리, 콜리플라워)는 너무 많이 익히지 마세요. 오래 조리할수록 그 속의 황화수소 양이 늘어납니다.
2. 맥주를 피하세요(남자만 해당). 방귀에 관한 최근의 연구 중에는 맥주를 마신 남성과 방귀 냄새 사이의 분명한 상관성을 확인한 것도 있었습니다. 하지만 여성의 경우에는 영향이 크지 않았어요.
3. 육류와 고단백 채소를 피하세요. 단백질 속의 아미노산은 황을 포함하고 있고, 분해되면 심한 냄새를 풍기는 황 화합물을 만듭니다.
4. 콩, 특히 대두와 강낭콩을 피하세요.
5. 마늘과 양파를 피하세요.
6. 기름진 음식을 피하세요.
7. 차살리실산 비스무트를 한번 먹어보세요. 장에서 황이 들어간 가스를 엉기게 해줍니다.
8. 활성탄이 들어 있는 봉투 위에 앉거나 방귀를 줄이는 속옷을 구입하세요. 아니, 진담이에요.

방귀를 걸러주는 바지가 있다고요?

구입할 수 있을 뿐만 아니라 효과도 있습니다. 몇 안 되는 방귀 냄새에 관한 진지한 연구 중에 숯으로 안을 댄 패드가 실제로 황이 포함된 가스(방귀 냄새를 가장 지독하게 만드는 것)를 흡수할 수 있는지 실험한 것이 있습니다. 여러 차례의 테스트 끝에 논문 저자인 수아레스와 스프링필드, 레빗은 이렇게 결론을 내렸습니다. "황이 포함된 가스는 인간의 방귀에서 악취를 풍기는 주된 요소다. 숯으로 속을 댄 쿠션은 이런 황이 포함된 가스가 주변으로 빠져나가는 것을 효과적으로 제한한다."

이 바지는 정말 기발하게 만들어져 있습니다. 보통 공기가 통하지 않는 튼튼한 소재로 만들어져 있는데, 특수한 안감을 대고 허리와 다리에는 고무 소재의 밴드를 사용해서 활성탄을 통과하지 않고서는 그 어떤 가스도 빠져나가지 못하게 만들어져 있습니다. 이 활성탄은 미세한 공기구멍이 아주 많아서 사실상 수백만 개의 작은 구멍이 뚫린 고체 스펀지나 다름 없습니다. 활성탄 1그램의 표면적이 3000제곱미터가 넘으니 많은 양의 가스나 액체도 흡수할 수 있겠죠(흡수란 원자나 분자, 이온 등이 표면에 달라붙는 일이에요). 활성탄은 종종 공기 정화나 수질 정화에도 사용됩니다. 또 독성 중독이나 약물 남용을 치료할 때(활성탄은 소화계에 들어온 독성 물질도 흡수할 수 있습니다),

하수를 처리할 때, 디카페인 커피를 만들 때, 가스 마스크를 만들 때 등에도 사용됩니다.

혹시 방귀 바지는 이미 품위를 포기한 사람들이나 착용하는 것이라고 생각한다면 www.myshreddies.com을 한번 둘러보세요. 상당히 예쁘고 심지어 섹시하기까지 한 속옷이나 청바지, 파자마 등을 만들고 있는데, 정말로 효과가 있어 보입니다.

어떻게 하면 방귀의 양을 늘릴 수 있을까요?

이미 식이섬유가 풍부한 음식을 먹고 있는데 장에서 더 많은 가스를 만들고 싶다면 염려하지 마세요. 다음과 같은 몇 가지 방법이 있습니다.

공기를 삼킨다

방귀의 약 25퍼센트 정도는 우리가 삼킨 가스이니, 공기를 삼키는 것만으로도 방귀의 양을 늘릴 수 있습니다. 트림으로 뱉는 양도 많아지겠지만 상당량은 끝까지 갈 수 있을 겁니다. 음식을 아주 빠르게 꿀꺽 삼키려고 해보세요. 펜 뚜껑처럼 다양한 것들을 씹어서 침이 더 많이 나오게 함으로써 삼키는 양을 늘려보세요. 껌을 씹는 것도 유용합니다.

양배추를 오랫동안 끓인다

방귀의 양보다는 냄새를 진하게 만들어줄 방법입니다. 양배추를 오래 조리할수록 그 안의 황 화합물도 늘어나기 때문에 방귀 냄새도 더 진해집니다. 조리 시간을 5에서 7분 정도 늘리면 황 화합물의 양을 두 배로 만들 수 있습니다. 그러면 양배추의 맛은 없어지겠지만 우리 할머니는 그래도 계속 삶으시더라고요.

가스가 많은 음식과 음료를 먹는다

식품 제조업자들이 식품에 첨가하기 좋아하는 재료 두 가지가 물과 공기입니다. 싸니까요. 이산화탄소가 잔뜩 들어 있는 탄산음료는 멋진 아이디어죠. 하지만 카푸치노나 핫초콜릿 위에 떠 있는 우유 거품도 아주 안정적이어서 거품이 터지거나 가스가 누출되지 않고 상당히 많은 양의 공기를 장속까지 운반할 수 있습니다. 조리 과정에서 기포가 많이 생기는 음식들도 꽤 있어요. 머랭이나 휘핑크림, 벌집 모양 스낵, 옥수수를 튀겨서 만든 스낵, 쌀이나 감자 녹말, 떡 등이 그렇습니다. 흥미롭게도 휘핑 초콜릿 바는 종종 공기보다는 질소나 이산화탄소로 만들어져 있습니다. 하지만 결국에는 모두 방귀의 양을 늘릴 수 있어요.

항문으로 공기를 빨아들인다

어떤 사람들은 조금만 연습을 하면 항문으로 공기를 '빨아들여서' 필요할 때 언제든 방귀를 뀔 수 있습니다. 르페토망Le Pétomane이라고도 불리던 프랑스의 유명한 방귀쟁이 조제프 푸졸Joseph Pujol이 어마어마한 양의 방귀를 뀔 수 있었던 것도 그 덕분입니다. 그는 해부학적으로도 괴상한 신체를 타고났을 뿐

만 아니라 괴상할 만큼 그것을 잘 조절할 수 있었습니다. 코를 꽉 쥐어서 닫고 횡경막을 수축시키면 복부가 팽창하면서 항문을 통해 공기가 들어오는 식이었죠.

어린 시절 제 경우에 효과가 있었던(안타깝게도 더 이상은 쓸 수 없는) 기술을 한 가지 알려드리면 다음과 같습니다. 아마 여러분에게도 효과가 있을 거예요.

1. 똑바로 누워서 두 다리를 올려 벽에 기댄다.
2. 다리를 더 높이 들어 올리면서(엉덩이가 꽉 닫히지 않을 정도로만 최대한 높이 들어올린다) 동시에 양쪽으로 꽉 편다(너무 크게 벌리면 오히려 방귀를 차단하는 자세가 된다).
3. 항문의 긴장을 이완하고 목구멍을 닫아서 공기를 들이마실 수 없게 한다. 횡경막을 위로 끌어올리면서 몸통으로 공기를 빨아들이는 동작을 취한다.
4. 효과가 없다면 가슴을 안으로 빨아들이면서 볼기짝을 벌리거나 등을 이리저리 움직여본다.
5. 계속한다.

장의 스트레스를 풀어준다

이미 장에서 압력이 느껴져 안에 방귀가 있다는 것을 알고 있고 약간의 자극만 더해주면 되는 경우에 소화기내과 의사 선생님들이 추천하는 방귀 뀌는 방법입니다. 바닥에 왼쪽으로 돌아누워 오른쪽 다리를 구부려 '심스 자세'(직장 검사 때 사용하는 자세)를 취하세요. 앞으로 돌아누웠다가 다시 옆으로 누운 자세로 돌아가기를 몇 번 반복합니다. 그러면 장이 이리저리 움직여서 방귀가 머무는 하행결장(몸의 왼편에 있습니다)을 압박해요. 이 압박으로 공기가 아래로 밀려나 방귀가 나올 겁니다.

감자, 바나나, 밀을 피한다

방귀를 좋아하는 분들이 피해야 할 음식입니다. 방귀 냄새를 줄이거든요(방귀의 양은 줄어들지 않습니다). 감자와 바나나에는 저항성 녹말이 들어 있고, 밀은 프룩탄을 포함하고 있습니다. 이 음식들은 극도로 발효가 잘 되기 때문에 대장의 세균들이 이것들을 분해하느라 바빠서 단백질에 손을 대지 않습니다. 그러니 황화수소가 줄어들 수밖에요.

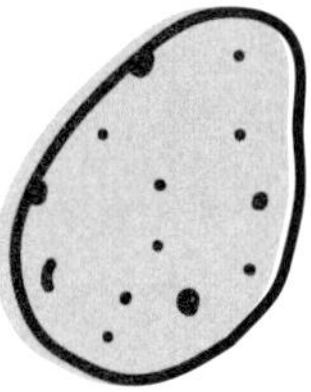

경고를 드리는 것이지 권장사항이 아닙니다. 지아르디아증이란 가장 흔한 기생충 감염 질환의 하나로, 피곤하고 아픈 느낌이 들며 속이 더부룩하고 설사와 구토, 두통 등을 유발합니다. 이 병에 걸린 사람들 중에 10퍼센트 정도는 아무 증상이 없습니다. 지아르디아증은 지아르디아 람블리아 포낭에 오염된 변을 통해 퍼집니다. 문제는 이 병에 감염되고 나면 일시적으로 유당 분해 효소 결핍증이 생긴다는 겁니다. 그렇기에 유제품을 먹으면 놀랄 만큼 방귀의 양의 증가하는 거죠. 하지만 여러 모로 고려해볼 때 이 정도 장점 때문에 이 병에 걸릴 필요는 없습니다.

방귀는 왜 그토록 창피할까?

(창피함의 심리학)

저처럼 방귀를 많이 뀌는 사람도 잘못된 순간에 잘못된 방귀가 나오면 창피해집니다. 하지만 **왜일까요**? 방귀는 우리의 신체 기능상 반드시 필요한 자연스러운 기능인데 말이죠. 스스로 조종하기 힘든 신체의 기벽 중에서도 하품이나 재채기는 부모나 배우자의 동정심을 일으키는데 왜 유독 방귀만 역겨움을 자극할까요? 아마 고대의 '미아스마설miasma theory'이라는 이론에 뿌리를 두고 있을 가능성이 큽니다(162페이지 참조). 썩은 냄새와 나쁜 공기가 콜레라 같은 끔찍한 유행병의 원인이라는 이론이죠. 방귀는 단순히 그 소리를 통해 인간적인 모습을 보여주는 행위가 아니라 구체적인 **위험**이 되었던 겁니다. 질병이나 통증, 죽음에서 맡을 수 있는 썩은 냄새를 연상시키니까요. 미아스마설이 1850년대 이후 잘못된 것으로 광범위하게 증명되었다는 사실은 별로 중요하지 않습니다. 방귀는 이미 나쁜 것으로 인식이 박혔으니까요. 끔찍한 세균 관련 질병을 가진 사람과 방귀를 서로 연관시키면서 이미 결론은 나버렸던 겁니다. 지금은 방귀가 사회적으로 용인되지 않는 일이 됐고, 되돌릴 수는 없어 보입니다.

창피함이라는 감정은 어떤 행동이 (도덕적으로 잘못되었다기보다) 사회적으로 용인되지 않는 일로 인식될 경우 그 행동을 하면 내가 사람들에게 투사하고 싶은 내 이미지가 손상될 거라는 생각에 기초하고 있습니다. 그래서 뭐가 옳고 그른지 인위적인 구조를 만들어놓은 것에 대해 사회를 탓할 수는 있어도 여전히 창피함은 가시지 않는 거죠. 창피함이란 내가 타인에게

투사하고 싶은 것에 대한 **우리**의 인식이 만들어낸 것입니다. 그러니 창피함을 느끼는 것은 기본적으로 우리 자신을 탓해야 할 일입니다.

창피함은 우리의 심신을 약화시킬 수 있습니다. 얼굴이 빨개지고, 땀이 나고, 방어적이 되고, 초조해지고, 때로는 초조해서 웃음을 터뜨리기도 하죠. 어떤 사람들은 이런 반응이 너무 강하게 나타나 속을 상하기도 합니다. 하지만 **왜일까요?** 창피함이 대체 무슨 도움이 될까요? 다른 사람에게 창피함을 표현하는 게 회유의 기능을 한다는 흥미로운 이론이 있습니다. 방귀를 뀐 사람이 자신은 행동의 규칙이 무엇인지 알고 있고 그 규칙을 깼다는 사실도 알고 있으며 사과의 의미와 함께 '다음에는 잘하겠다'는 뜻을 보여준다는 거예요. 심지어 창피함을 잘 느끼지 **않는** 사람은 반사회적 행동을 저지를 가능성이 더 높다는 연구 결과도 있습니다.

사회에는 아무런 목적이 없어 보이는 추상적인 규칙과 기대가 많이 있습니다. 예의를 중시하는 자리에서는 모자를 벗는다거나, 여성(혹은 다른 지위가 높은 사람)이 방으로 들어오면 자리에서 일어난다거나, 왼손에 포크를 들고 콩을 뜨지 않는다거나(예, 저는 못합니다), 사람들 앞에서 방귀를 뀌지 않는 것처럼 말이죠. 이처럼 이해하기 힘든 많은 행동들이 역사적 설명에 뿌리를 두고 있습니다. 일련의 행동 규칙들을 지켜야만 상류층에 어울릴 수 있었고, 중산층들도 상류층에 대한 열망을 품기 시작하면서 이런 규칙을 지키게 되었다고 말이죠.

TRUMP!

닥터 수스Dr Seuss의 아름다운 동화 『스니치들*The Sneetches*』은 추상적인 사회적 계층화라는 개념을 갈가리 찢어놓습니다. 이야기 속에서 스니치들은 배에 별이 그려져 있는 상류층과 그렇지 못한 하류층으로 나뉩니다. 어느 사업가가 하류층에게도 별을 그려넣을 수 있는 기계를 발명하자 하류층들은 모두 돈을 주고 배에 별을 그려 넣습니다. 그러자 굴욕감을 느낀 상류층들은 이제 별을 **지워서** 자신들이 하류층과 다르다는 사실을 증명하려고 합니다. 그러자 사업가는 기꺼이 별을 지워주고, 그러자 하류층도 다시 별을 지우고, 상류층은 다시 반대로 합니다. 이런 식으로 계속되다 보니 결국 스니치들은 누가 어느 집단에 속했었는지 완전히 잊어버리고 맙니다. 사업가는 부자가 되었고요. 스니치들은 차별은 바보 같은 짓임을 깨닫고 모두 친구가 되어 어울립니다. 사회의 다른 문제들도 이처럼 간단히 해결될 수 있다면 좋을 텐데 말이죠.

그러나 사회학자들은 매너가 사회의 질서를 유지하는 방편이라 생각해서 그리 부정적으로 보지 않는 경향이 있습니다. 사회의 계층화를 유지하는 것이 중앙집권화된 권력을 만들어내고 공동체에서의 삶을 참을 만하게 만들어주는 한 방법이라 여기는 것이죠. 저는 매너를 싫어하지만 동시에 매너가 유용할 수도 있다는 점을 이해합니다. 사람들이 권위를 주장하고 사회집단의 꼭대기까지 올라가려고 노력하게 만드는 것이 좋을까요? 아니면 창피함 같은 것으로 규제되는 매너나 기대라는 추상적 시스템을 만들어서 권위가 아예 필요 없게 하는 게 좋을까요? 권위를 좋아하지 않는 저는 매너를 더 선호하지만 여전히 매너는 숨이 막힙니다.

방귀의 경우 방귀를 숨겨야 한다는 행동 규칙은 정말 이상하게 보입니다. 신체적, 심리적 불편함을 야기할 뿐만 아니라 소화불량이나 통증으로 이어질 수도 있기 때문이죠. 사회적 낙인을 바꾸기는 쉽지 않고 금세 바뀔 것 같지도 않습니다. 하지만 뭐 어떤가요? 노력은 해볼 수 있잖아요.

손은 왜 씻어야 할까?

고대로부터 나쁜 냄새는 평판이 좋지 않았습니다. 수백 년간 나쁜 냄새는 수많은 문제의 범인으로 지목되었죠. 손을 씻는 것만으로도 해결될 수 있는 문제들이었는데 말입니다. 1880년대까지 질병의 확산에 관련된 유력한 이론은 미아스마miasma라는 개념에 기초를 둔 것이었습니다. 미아스마란 썩어가는 유기물에서 나오는, 냄새가 지독한 '나쁜 공기'를 뜻했습니다. 아마도 고인 물에서 고약한 악취가 풍기는 지역에서 콜레라가 유행했기 때문일 겁니다. 사실 콜레라는 공기나 방귀를 통해서가 아니라 물을 통해 전파됩니다. 하지만 1854년에 영국의 의사 존 스노John Snow가 물과 콜레라를 서로 연결짓기 전까지는 아무도 그런 사실을 몰랐습니다. 1850년대 런던과 파리에서 콜레라가 발병했을 때 많은 사람들이 스노의 발견을 무시해 문제를 더 키웠습니다.

근대적 간호의 개념을 정립한 영국의 플로렌스 나이팅게일은 좀 더 깨어 있는 사람이었습니다. 그녀는 1854년 크림전쟁 당시 사망률을 줄이기 위한 가장 값싸고 효과적인 방법은 손을 씻고 기본적 위생을 관리하는 것이라고 결론 내렸습니다. 옳은 생각이었죠.

하지만 사람들이 그 말을 귀담아 들었을까요? 전혀요. 볼일을 본 다음에 손을 씻지 않는 사람의 비율을 보면 충격적일 정도입니다. 2015년에 유럽 전역을 대상으로 진행된 대규모 조사에 따르면 손을 전혀 씻지 않는 사람이 남자의 62퍼센트, 여자의 40퍼센트에 이릅니다. 손을 씻는 것에 아주 예민한 저조차도(제가 어릴 때는 루저들이나 손을 씻는 거라고 말했었답니다) 의료보험공단에서 권장하는 것처럼 15초 동안 손을 씻지는 않습니다.

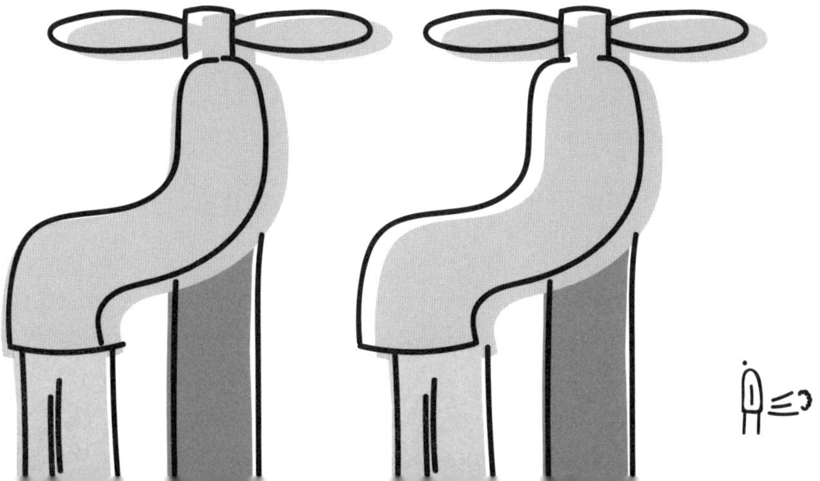

어쩌면 이렇게 생각하는 사람도 있을 겁니다. '나한테 이래라저래라 하지 마. 내 건강은 내가 챙기는 거야.' 흠. 손을 씻으면 설사에 걸릴 위험을 30퍼센트 가량 줄일 수 있고, 음식을 통해 전염되는 모든 질병의 50퍼센트 정도는 손 위생과 관련됩니다(질병통제예방센터에서 손 씻기의 '과학적 증거' 페이지를 보시면 수많은 관련 연구 결과를 확인할 수 있습니다. 손 씻기는 여러분 본인을 위해서뿐만 아니라 친구나 가족들을 위해서도 중요한 일입니다). 비누로 손 씻기는 설사와 폐렴 및 기타 급성 호흡기 감염 질환을 예방할 수 있는 가장 효과적이고 값싼 방법으로 자주 언급됩니다. 5세 이하 아동의 가장 큰 사망 원인이 폐렴이라는 사실을 잊지 마세요.

하지만 더 중요한 것은 더러운 손으로 **다른 사람**을 만졌을 때의 위험입니다. 상대가 손을 열심히 씻는 사람이라 하더라도 아무 소용이 없죠. 여러분은 건강해서 질병에 걸려도 쉽게 회복할지 모르지만, 세균이 교차 오염을 통해 여러분의 손에서 다른 사람으로 옮겨 다니다가 노인이나 병약자에게 옮겨간다면 비극적인 결말을 가져올 수도 있습니다. 생각해보세요. 이런 일이 벌어지는 게 그리 어려운 일도 아니지 않을까요?

세균과 관련해 정말로 놀라운 사실 중에 하나는 교차 오염을 통해 너무나 쉽게 확산된다는 점입니다. 여러분이 한 손으로 세균을 만진 다음 다른 표면을 만지고, 다른 사람이 그 표면을 만진 다음 손으로 입술을 만지기만 해도 세균에 감염됩니다.

세균은 아주 먼 곳까지 광범위하게 옮겨 다닐 수 있습니다. 제가 하는 과학 공연인 바디해킹Bodyhacking에서 했던 실험이 있습니다. 저희는 자외선을 비추면 빛을 내는 UV 반응 파우더를 가발 하나에 발라 로봇에 씌운 다음 객석을 돌아다니게 했습니다. 그리고 관객들에게 최대한 많은 사람들이 가발을 만질 수

있게 가발을 뺏어서 이리저리 던져주라고 했죠. 결국 관객들은 본인의 입과 코, 다른 사람들까지 만지게 됐습니다. 나중에 저희는 파우더가 얼마나 멀리까지 퍼졌는지 보려고 모든 불을 끄고 객석에 자외선을 비추었습니다. 결과는 정말 놀라웠어요. 파우더는 아주 멀리까지 확산됐고 처음의 접촉점으로부터 멀리 떨어진 곳까지도 퍼져 있는 것을 흔히 볼 수 있었습니다. 교차 오염을 설명할 수 있는 유용한 방법이었지만 단점도 있었네요. 어둠 속에서 누가 누구를 만졌는지가 다 드러나서 싸움이 벌어지기도 하더라고요.

방귀가 아닌 몇몇 생리 현상

딸꾹질

딸꾹질은 횡경막이 갑작스럽게 우리의 뜻과 관계없이 발작을 일으키는 현상입니다. 제 막내딸은 심한 딸꾹질로 고생하곤 합니다. 자극이 가해지면 딸꾹질은 1/4초 후에 일어납니다. 뇌가 딸꾹질을 조종할 수 없다는 게 흥미롭죠. 딸꾹질은 신체의 한 부분에서 다른 부분으로 전해지는, '반사궁'이라고 부르는 것을 이용한 자동 반응입니다. '대체 딸꾹질은 왜 일어나는 거야?'라는 난감한 질문은 진화라는 것을 진지하게 생각해보기 시작한 이래 줄곧 인류를 괴롭혀왔습니다.

포유류만이 딸꾹질을 하기는 하지만, 한 가지 주장은 수륙 양쪽에서 살았던 생물이 진화하면서 잔재가 딸꾹질이라는 이론입니다. 올챙이의 호흡이 딸꾹질과 비슷합니다(앙증맞은 공주의 키스를 받는 것을 제외하면 개구리가 되는 게 얼마나 형편없는 일인지 설명해주는 이유 중 하나죠). 또 다른 이론으로는 아직 젖을 떼지 못한 아기의 경우, 딸꾹질이 속에 갇힌 공기가 쉽게 빠져나오게 만들어줘서 젖 먹는 것을 도와준다는 주장이 있습니다. 진정제를 놓거나 목과 횡경막 사이에 있는 신경을 차단하는 수술을 받는 것 외에 딸꾹질을 치료할 수 있는 믿을 만한 방법은 없습니다. 횡경막 신경은 호흡에 중요하기 때문에 수술을 할 경우 합병증이 우려되죠. 그런데 『내과 저널*Journal of Internal Medicine*』에 실린 어느 논문에 따르면 지속적으로 손가락으로 직장을 마사지하면 일부 사람에게는 딸꾹질에 효과가 있었다고 해요. 그러면 이런 의문을 품게 됩니다. '나는 내 딸을 얼마나 사랑하는가?' 제 경우에는 '그 정도까지는 아니다'입니다.

하품

하품은 순전히 즐거운 반사작용이죠. 그리고 '아주 흥미롭긴 하지만 돈이 되지는 않으므로 의학적으로 진지하게 연구할 가치는 없는 현상'에 해당합니다. 하품은 숨을 깊이 들이쉬고, 턱이 완전히 벌어지고, 눈이 감기며, 고막이 늘어나고, 다시 숨을 내쉬는 과정이 포함됩니다. 피로나 스트레스, 지루함과 연관이 있죠. 우리가 하품을 왜 하느냐에 관한 수많은 이론 중에서 제가 가장 좋아하는 이론은 하품이 '뇌를 식혀준다'는 주장입니다. 저는 차라리 하품을 왜 하는지 모르는 쪽이 좋습니다. 왜냐하면 그 이유를 알아낸다면 누군가 하품을 멈추게 할 방법도 발명할지 모르는데, 그건 너무 싫으니까요. 저는 하품이 **정말** 좋습니다.

재채기

재채기는 우리가 조종할 수 없지만 어떤 식으로 나올지는 약간의 통제가 가능합니다. 그렇다고 이 방법을 시도해보라는 뜻은 아닙니다. 커다란 재채기가 나오려고 할 때 코를 막고 입을 잡아서 재채기를 막는다면 비강이 파열되고, 고막이 터지고, 눈에 있는 혈관이 찢어질 수 있습니다. 갈비뼈가 부러지고 뇌동맥류를 유발할 수 있으며, 가슴 속에 있는 깊은 조직이나 근육에 공기방울이 들어갈 수도 있습니다. 모두 실제로 있었던 일이에요.

재채기에는 분명한 이유가 있습니다. 코에 있는 점액을 자극한 이물질을 없애서 깨끗이 하기 위한 것이죠. 이런 자극물들은 히스타민을 분비시킵니다(그래서 꽃가루 알레르기 치료에 항히스타민제를 처방하는 것이죠). 히스타민은 코에 있는 신경 세포를 자극해서 뇌에 아주 작은 전기 신호를 보냅니다. 그래서 얼굴과 목구멍, 가슴이 모두 동시에 즉각 움직이는, 우리가 조절할 수 없는 반응이 나오는 겁니다.

재채기와 관련해 이상한 점은 어떤 사람들은 식사를 아주 많이 할 경우 재채기를 한다는 사실입니다. 청각 장애가 있는 사람들은 재채기를 해도 소리가 거의 나지 않고, 필리핀 사람들은 '에취'가 아니라 '하칭'이라고 재채기를 한다고 하네요.

배에서 나는 꼬르륵 소리

배에서 나는 꼬르륵 소리를 의학적으로는 '복명'이라고 합니다. 액체나 공기방울이 장을 통과하면서 내는 소리죠. 종종 위가 뇌에 자신이 텅 빈 지 두 시간이 지났다는 메시지를 보내면서 소리가 나기도 해요. 장을 비우기 위해 연동운동을 다시 시작하면서 말이지요. 위가 흔들리면 배가 고프다는 느낌을 만들어내는 것으로 생각됩니다. 배에서 꼬르륵 소리가 나면 기분은 이상할지 몰라도 완전히 정상입니다.

트림

예의를 차리는 사회에서 트림은 방귀보다는 살짝 더 환영받는 대상일 겁니다. 하지만 큰 차이는 아닙니다. 트림은 위와 식도에서 나오는 지극히 자연스러운 가스 방출입니다. 이야기를 나누거나 음식을 먹을 때 삼킨 공기 때문에 생기는 것이고요. 혹은 음식이나 음료에 들어 있는 가스, 특히 탄산수 때문에 생기기도 합니다. 아기들은 젖을 먹으면서 공기를 많이 삼키기 때문에 트림으로 내보내지 않으면 불편할 수 있습니다. 우리가 삼킨 모든 가스가 트림으로 나오는 것은 아닙니다. 상당 부분은 소화계를 따라서 끝까지 흘러갑니다(방귀의 25퍼센트는 보통 우리가 삼킨 공기입니다). 소가 트림을 많이 하는 이유는 반추를 통해 소화를 하기 때문입니다. 소의 트림에는 장 속의 메탄 생성 세균이 만들어낸 메탄이 많이 포함되어 있습니다.

Chapter 05
방귀에 관한 소소한 이야기

세상의 위대한 방귀쟁이들

미스터 메탄Mr Methane은 정말 **놀라운** 분입니다. 세상에서 가장 위대한 방귀쟁이라고 충분히 부를 만해요. 살아 있는 사람 중에서요. 녹색과 보라색이 섞인 슈퍼히어로 옷에 녹색 마스크를 하고 TV 쇼에 나오시기도 하지요. 이분은 이 세상 사람이 아닌 것 같은 장 조종 능력을 갖고 있습니다. 오랫동안, 거의 1분 내내 방귀를 뀔 수 있어요. 본인의 가스로 촛불도 끌 수 있고, 엉덩이로 다트를 쏴서 풍선을 터뜨릴 수도 있습니다(유튜브의 이분 영상을 보시면 눈이 휘둥그레질 겁니다). 하지만 시끄러운 광대를 생각했다가는 깜짝 놀라실 거예요. 큰 키에 중년 신사인 미스터 메탄은 영국인으로(매클스필드 출신) 본명은 폴 올드필드Paul Oldfield입니다. 사려 깊고 예의 바른 분이기도 해요('똥을 눈다'고 하지 않고 '동작'이라고 말씀하시죠). 확실한 매클스필드 억양에 매끄러운 유머 감각을 가진 분입니다.

미스터 메탄은 열다섯 살 때 본인의 재능을 발견했습니다(재능이 자신을 찾아왔다고 말씀하시더군요). 누나와 함께 요가 동작을 취하고 있었는데 몸을 비틀자 어마어마한 방귀가 나왔다고 해요. 그가 계속 실험을 하고 있는데 아버지가 들어와서 "계속 그러다가는 사고가 날 게다"라고 말씀하셨다고 합니다. 하지만 그의 뛰어난 재능은 학교에서 몇 번 내기를 이긴 것 말고는 별로 쓸모가 없었습니다. 미스터 메탄은 열차 기관사 견습생이 되기 위해서 노력했다고 해요. 그러던 어느 날 밤 친구가 그를 매클스필드에 있는 클럽에 데려갔는데, 객석에서 끌려나와 본인의 독특한 기술을 보여주었습니다. 록 밴드 맥 래즈Macc Lads와 엮이면서 미스터 메탄이라는 이름을 갖게 됐고, 빤짝이는 커리어가 펼쳐졌습니다. 전 세계를 돌아다니며 명성과 악평이 함께 따라왔죠.

미스터 메탄이 사용하는 기술은 공연을 시작하기 약 3시간 전에 똥을 누어서 장의 압력을 알맞게 만든 다음, 누워서 조임근을 확장시키고 횡경막을 들어올려서 공기를 '들이마시는' 방법입니다(실제로 어떻게 된 원리인지는 본인도 **모른다고** 인정하셨어요). 가장 중요한 것은 긴장을 푸는 것이고요. 누워 있을 때는 이게 쉽지만 일어서서 공기를 재충전해야 할 때는 공기가 횡행결장과 상행결장에 갇혀버려서 따끔거리며 아프다고 하네요. 그의 공연을 직접 보신다면 절대로 실망하시지 않을 겁니다. 미스터 메탄이 '푸른 도나우 강'에 맞춰 방귀를 뀌는 것을 보면 입이 떡 벌어질 거예요.

르페토망

죽은 자들 중에 세상에서 가장 위대한 방귀쟁이는 의심의 여지없이 프랑스의 스타 조제프 푸졸Joseph Pujol입니다. 1857년에 마르세유에서 태어난 그는 르페토망Le Pétomane(대략 '방귀광'이라는 정도의 뜻입니다)이라는 이름으로 잘 알려져 있죠. 빵집 아들로 태어난 그가 항문으로 무언가를 빨아들일 수 있다는 사실을 발견한 것은 바닷물 속에 들어가 있을 때였습니다. 몸을 앞으로 숙이면서 깊은 숨을 들이쉬었는데, 얼음장처럼 차가운 물이 본인의 몸속으로 들어오는 것을 느꼈던 거죠. 스무 살에 군에 입대한 그는 최대한 오랫동안 방귀를 뀌거나 방귀 소리의 높낮이를 기막히게 조절해서 엉덩이로 노래하는 훈련을 했습니다.

1880년대 중반에 그는 프랑스 전역을 돌아다니며 방귀 공연을 했습니다. 그러다가 1892년에는 세계적으로 유명한, 파리에 있는 물랭 루주 나이트클럽에서 오디션을 봤어요. 그는 공연 자리 하나를 꿰찼고 2년 후에는 프랑스에서 가장 많은 돈을 받는 공연가가 됐답니다. 그는 공연 한 번에 2만 프랑이나 되는 매출을 올리곤 했다고 해요. 그의 공연 내용은 정말로 다채로웠습니다. 결혼식 날 밤의 신부를 방귀 소리로 흉내 내고는(부끄러운 듯 살짝 끽 하고 나는 소리) 몇 달 후의 그 신부를 다시 흉내 냈죠(빵빵거리는 거대한 소리). 동물 소리도 흉내 내고, 엉덩이로 플루트도 불고, 항문으로 담배를 피워 도너츠를 만들기도 했습니다. 공연 마지막에는 방귀로 프랑스 국가를 연주한 다음에 촛불을 방귀로 꺼버렸습니다(공연을 제대로 아는 사람이었습니다). 그의 공연이 얼마나 웃겼던지 현장에는 기절하거나 호흡 곤란에 빠지는 사람들이 생길 것에 대비해 간호사들이 항상 대기하고 있었다고 합니다(적어도, 그들의 **주장**은 그랬습니다). 그렇게 명성이 높아진 조제프는 화가 마티스나 르누아르와 어울렸다고 해요. 그의 공연은 제1차 세계대전 때까지 성황을 이뤘습니다. 전쟁 후에 그는 빵집을 열었고 88세의 나이로 세상을 떠났습니다.

롤랜드

중세 때 가장 위대한 방귀쟁이는 아마 12세기 헨리 2세 시절 궁정 음악가를 지낸 롤랜드Roland일 거예요. 그는 공연의 마지막을 늘 '점프하면서 휘파람 불면서 방귀 뀌기'로 끝냈다고 합니다. 그는 왕으로부터 헤밍스톤을 영지로 하사받아서 서퍽에 있는 저택과 40헥타르의 토지를 갖게 됐다고 해요. 하지만 방귀에 큰 관심이 없었던 헨리 3세가 도로 다 찾아갔다고 하네요.

여기
헨리 2세의 음악가
방귀쟁이
롤랜드
잠들다

역사상 가장 유명한 방귀

역사상 가장 악명 높은 방귀는 아마 역사가 **플라비우스 요세푸스**Flavius Josephus가 기원후 75년에 쓴 『유대전쟁사*The Wars of the Jew*』에 나오는 방귀일 것입니다. 버릇없는 어느 병사가 유월절 기간 예루살렘에서 예배를 보는 유대인들을 향해 방귀를 뀌었습니다. 그 결과 폭동이 일어났고 사람들이 한쪽으로 몰리면서 만 명이 죽었습니다. 그 병사가 단순히 상대를 모욕하기 위해 엉덩이를 드러냈던 것인지 아니면 정말로 방귀를 뀌었던 것인지에 대해서는 이론이 있지만, 우리는 방귀를 뀐 것으로 하죠.

헤로도토스는 조금 더 영웅적인 이야기를 들려주었습니다. 인기가 없었던 이집트의 **와히브레 왕**은 기원전 569년 반란을 일으킨 **아마시스 장군**에게 따지기 위해 본인의 자문이었던 파타르베미스를 칙사로 보냈습니다. 파타르베미스가 따지고 들자 아마시스는 그에게 방귀를 한 대 뀌고는 와히브레에게 되돌려 보냈습니다. 왕은 돌아온 파타르베미스가 임무를 완수하지 못했다는 이유로 그의 양쪽 귀와 코를 잘랐습니다. 이미 반란에 동조하고 있던 이집트인들은 와히브레의 처결에 분노해 반란군에 가담했습니다. 왕은 결국 패했고 몇 년 후 왕위를 되찾으려 애쓰다가 죽고 말았습니다.

피타고라스는 대략 기원전 570년에서 495년 사이에 살았던 그리스의 철학자예요. 그는 수학과 신비주의의 결합이라고 할 수 있는 피타고라스주의를 창설한 사람이기도 합니다. 그는 자신의 추종자들에게 콩을 먹는 것을 금했는데요, 아마도 방귀를 통해 영혼이 빠져나가는 것을 막기 위해서였던 것으로 생각됩니다(충분히 이해가 갑니다). 하지만 콩이 환생을 연상시키기 때문에 금기시되었을 가능성도 있습니다.

히틀러는 고질적인 위염으로 무척 고생한 것으로 알려져 있습니다. 그는 늘 속이 더부룩했고, 그래서 온갖 의약품을 처방받은 것이 원인이 되어 정신병에 걸렸다는 주장도 있죠. 그에게 심각한 소화 장애가 있었다는 데는 이론이 없습니다. 하지만 히틀러의 건강과 치료에 관한 그런 주장들(매독에 걸리고 고환이 한쪽뿐인 점, 각성제를 남용하던 습관)이 나치 독일의 끔찍한 만행을 한 사람의 정신병 탓으로 돌리고 제3제국이라는 나치의 역사를 변명하거나 가볍게 보게 만드는 것은 아닌지 우려스럽습니다.

PARP!

벤저민 프랭클린은 미국 건국의 아버지 중 한 명으로 박식한 것으로 명성이 자자했습니다. 그는 신문사 편집자이자 인쇄공이었고, 이중 초점 렌즈와 피뢰침을 발명하기도 했으며, 체신부 장관을 지냈습니다. 그는 또 1781년 프랑스 대사를 지낼 때 〈당당히 방귀를 뀌자Fart Proudly〉라는 풍자 에세이를 쓰기도 했답니다('방귀에 관해 왕립 아카데미에 보내는 편지'라는 부제가 붙어 있었습니다). 그는 이 에세이에서 "음식을 소화시키는 과정에서 인간의 장에서 많은 양의 가스가 만들어진다는 것은 보편적으로 알려진 사실이다"라고 이야기했습니다. 그는 불쾌한 방귀를 '무해할 뿐만 아니라 향수처럼 기분 좋은' 냄새로 바꿔주는 약을 개발하자고 제안하기도 했습니다.

이 책은 순전히 그가 점점 가식적이고 현실로부터 유리되고 있다고 믿었던 유럽의 지식인 사회에 일침을 가하기 위해 쓴 글이었습니다. 그가 방귀에 관해 더 많은 연구를 권장했다기보다는 그것을 이용해 당시 과학적 노력 중에 말도 안 되는 내용이 많다는 사실을 암시했던 것으로 생각됩니다.

이제 들어보세요. 누구나 풍자를 좋아하지만, 제 생각에는 프랭클린이 다소 예민했던 게 아닌가 싶습니다. 그가 이 글을 썼던 1781년만 해도 그 '가식적인' 과학 발전 중에는 다음과 같은 것들도 있었습니다.

- 허셜이 천왕성을 발견해 왕립학회에 보고했다.
- 폰타나가 뇌 세포의 축삭 돌기를 설명했다.
- 콜타르 제조법에 대한 특허가 승인됐다.
- 이엘름이 몰리브데넘을 분리했다.
- 110개의 천체를 자세히 설명한 메시에 목록이 발표됐다.
- 메셍이 13개의 은하, 1개의 행성 모양 성운, 1개의 산개 성단, 1개의 구상 성단, 소용돌이 은하 M51의 동반 은하인 왜소 은하 NGC5195를 발견했다.

1781년, 겨우 1년 사이에 일어난 일입니다. **유럽에서만요!** 어때요, 벤저민 씨?

인터넷에서 찾을 수 있는 역사적인 방귀

인터넷에는 라이브 방송 도중 실수로 나온 유명한 방귀 영상이 많습니다. 저도 종종(보통 마감이 얼마 남지 않아서 극도로 초조할 때) 한 시간씩 그 영상들을 들여다보곤 합니다. 제가 개인적으로 가장 좋아하는 것 중 하나는 근사한 피트니스 코치가 근사한 여성 3명에게 스트레칭을 지도하고 있는 '당신의 몸을 사랑하세요Love Your Body'라는 제목의 영상입니다. 코치가 준비 동작으로 다리를 벌리다가 낮은 주파수의 뿡 소리가 나자 다들 바닥을 구르며 웃습니다. 미국 배우 우피 골드버그도 숨이 넘어가게 웃긴 장면을 연출합니다. 골드버그는 베트 미들러가 클레어 데인즈와 인터뷰하는 내용을 옆에서 듣고 있다가 그만 큰 소리를 내고 만답니다.

그리고 무슨 일을 하는 도중에 절대로 이건 검색하지 마세요. '방귀 소리에 겁먹은 아기들Babies scared of farts compilation.'

문학 속의 방귀

기록으로 남아 있는 최초의 농담은 기원전 1900년 경에 쓰인 방귀에 관한 농담입니다.* 많은 작가들이 작품 속에서 방귀를 활용했습니다. 왜 아니겠어요? 방귀는 완벽하게 자연스러우면서도 상대를 불쾌하게 만들고, 다양한 방식으로 모욕을 줄 수 있고, 무례하지만 추잡하지는 않고, 친근하지만 섹시하지 않고, 서로 어울리지 않는 개념들인 생물학과 자기혐오 사이에 양다리를 걸치고 있잖아요. 그리스의 극작가 **아리스토파네스**의 작품 『구름』(BC 423)과 『개구리』(BC 405)를 보면 방귀 이야기가 잔뜩 나옵니다. 그냥 잠깐 언급하고 지나가는 수준이 아니라 천둥처럼 방귀가 '빠-빠-빠-빵' 하고 울렸다고 한참을 묘

* 이런 식이에요. '태곳적부터 한 번도 일어나지 않은 일 : 젊은 여자가 남편의 무릎에 앉아 방귀를 뀌지 않았다.' 알겠어요. 하지만 **이게 웃긴가요?**

사합니다. **세네카**(BC 4~AD 65)도 작품에서 방귀를 다루었고, **호라티우스**도 마찬가지입니다.

초서Chaucer가 1386년에서 1399년 사이에 쓴 『캔터베리 이야기』는 학교에서 억지로 읽으라고 하니 다들 싫어하는 그런 책이지만, 추잡한 〈방앗간 주인의 이야기〉부터는 좀 다릅니다. 결벽증이 있는 교구 총무는 속아서 여인의 털 많은 항문을 그녀의 입술이라고 생각하며 키스를 합니다(그는 여자가 턱수염이 있을 리는 없으니 무언가 잘못되었다고 생각합니다). 화가 난 교구 총무가 시뻘겋게 달군 부지깽이로 항문을 쑤시자 천둥 같은 방귀 소리가 납니다. 여기서부터는 다들 『캔터베리 이야기』을 즐기기 시작하죠. 〈소환자의 이야기〉에서는 수사들이 어떻게 방귀를 공유할까 몰두하며 읽게 됩니다.

셰익스피어는 방귀를 완곡어법으로 표현하는데, 빨려 들어갈 듯이 흥미롭습니다. 『실수의 희극』을 보면 셰익스피어가 전형적으로 방귀를 언급하는 방식을 알 수 있습니다. "나으리, 누가 할 말이 있다고 합니다. 말이라는 게 그냥 바람이잖습니까. 뒤에서 나불대지 않게 차라리 면전에서 말하라 하세요." 셰익스피어의 작품 중에서 썩 잘 쓴 부분은 아닙니다. 하지만 그건 『실수의 희극』의 나머지 부분도 마찬가지죠.

제가 가장 좋아하는, 문학에 나오는 방귀는 **조너선 스위프트**

의 작품에 등장합니다. 스위프트는 가식적인 사람, 거만한 사람들을 풍자하지 않고서는 참을 수 없었던 것 같아요. 〈방귀의 이점〉(1722년)에서 그는 "방귀처럼 저급한 것"을 실컷 즐깁니다. 영국인들에 비하면 프랑스인들의 방귀와 똥은 한심할 정도로 약하다며 헐뜯습니다. 〈방귀의 이점〉은 어느 주교가 쓴 〈단식의 이점〉을 패러디한 것이었는데요, 아이들 유머 같지만 그가 워낙 열정적으로 써놓아서 아주 웃깁니다. 그는 '신발대학교 겉만번드르르과 교수, 방귀나라 뭉게뭉게'라는 필명으로 글을 썼는데, 모든 게 참 신선하게 느껴지죠. 속표지만 한번 볼게요.

> '방귀시 축축한방귀 부인의 요청에 따라 영어로 옮김. 사르디니아 아르시미니 공주의 화장실 담당관 오바디야 뿌지직 지음. 긴방귀시: 헛소리로 맞은편 풍차건물의 사이먼 엉덩이폭탄 발행.'

스위프트는 방귀에는 다섯 가지 종류가 있다면서 무게도, 냄새도 완전히 서로 구분된다고 했습니다. 첫째는 낭랑하게 듣기 좋은, 혹은 활발한 방귀, 둘째는 이중 방귀, 셋째는 부드럽게 쉬익 하는 방귀, 넷째는 젖은 방귀, 다섯째는 바람이 갇힌 듯

시무룩한 방귀.

『**아라비안 나이트**』에 보면 '아부 하산이 방귀를 뀌는 방법'이라는 재미난 방귀 이야기가 있습니다. 단테나 마크 트웨인, 라블레, 벤 존슨, 빅토르 위고, 발자크를 비롯한 수많은 훌륭한 작가들도 방귀를 다루었습니다.

저는 '방귀에 관한 글을 쓰는 건 너무 더러운가?'라는 질문에 대한 답이 '아니다'인 줄 알았습니다. 하지만 제가 틀렸네요. **제임스 조이스**는 정말 정말 더럽고 추잡하게 방귀를 다루었더라고요. 그렇게 외설적인 연애편지는 아마 상상도 못해보셨을 거예요. 솔직히 충격을 받았습니다. 제가 이렇게 말한다면 말 다했죠. 저는 지난 1년 내내 검색창에 '항문'이라고 써대던 사람이니까요.(하지 마세요. 하지 마세요. 제가 대신 해드렸으니 여러분은 그러실 필요가 없습니다.) 너무 더럽다는 건 바로 **이럴 때** 쓰는 말이에요.

The Farterbury Tales
『방귀베리 이야기』

방귀에 관한 속어 모음

위대한 작가도, 이름 없는 작가도, 방귀에 관해 다양한 표현들을 열정적으로 개척했는데요. 얼마나 성공적인지는 경우에 따라 다릅니다. 최고의 표현들을 보면 잠깐 어리둥절할 수도 있어요.

최고의 비유 10가지

1. 도널드, 나와서 걸으렴 Get out and walk, Donald
2. 갈색 천둥 Brown thunder
3. 이빨 없는 녀석이 입을 터네요 The toothless one speaks
4. 엉덩이 만두 Butt dumpling
5. 진흙 오리 Mud duck
6. 기관사 Greaser
7. 저 밑에서 울리는 천둥소리 Thunder from down under
8. 개구리를 밟다 Stepped on a frog
9. 지리다 Shart
10. 사냥개를 풀다 Release the hounds

이해가 안 가는 표현 10가지

1. 공기 튤립 Air tulip
2. 부리토에 응답하다 Answering the call of the wild burrito
3. 짖는 거미 Barking spider
4. 푹신이 Fluffy
5. 줄줄이 진주 String of pearls
6. 기수를 들볶다 Roast the jockeys
7. 우르릉 쾅쾅 Grundle rumble
8. 폴리를 풀어주다 Let Polly out of jail
9. 토끼를 쏘다 Shoot a bunny
10. 런던 함성 Cockney cheers

아이들이 좋아하는 표현 10가지

1. 까부는 소리 Cheeky squeaky
2. 향기 나는 큰 멍멍 소리 Great big flowery woof woof
3. 오리를 밟다 Step on a duck
4. 궁뎅이 버너 Bumsen burner
5. 벤치 데우는 사람 Benchwarmer('대기 선수'라는 뜻도 된다)
6. 소고기 와플 Beefy eggo
7. 기쁨의 경적소리 Great big blast of joy
8. 엉덩이 트림 Bottom burp
9. 치즈를 자르다 Cut the cheese
10. 재미난 갈색 구름 Great brown cloud of fun

냄새가 덜 나는 표현 10가지

1. 엉덩이를 들썩이다 Arse flapper
2. 쥐를 잡다 Crack a rat
3. 엉덩이 드럼 Butt bongos
4. 바지에 그레이비 소스 Gravy pants
5. 엉덩이 트럼펫을 불다 Blasting the arse trumpet
6. 배설물 훈증 Fecal fumigation
7. 저녁 먹은 것들을 확인하다 Exhume the dinner corpse
8. 엉덩이 트럼펫 Arse trumpet
9. 똥 떨림 Turd tremor
10. 악랄한 항문 Heinous anus

각국의 방귀 사전

1. Pet : 프랑스어
2. Furz(속어 : Scheißer) : 독일어
3. Scoreggia : 이탈리아어
4. Perdet : 러시아어
5. Brodler : 벨기에어
6. Rhech : 웨일스어 (e.g. 'Fel rhech mewn pot jam' : '잼통의 방귀처럼' 혹은 '쓸모없는')
7. Jamba : 스와힐리어
8. El pedo : 스페인어
9. Apaan vaayu : 힌디어
10. Durta : 아랍어
11. 방귀 : 한국어
12. 屁[pì] : 중국어

옥스퍼드 영어 사전의 방귀 정의

Fart /fa:t/ v. & n.

v. 자동사

1. 항문으로 가스를 내보내다.

2. (about, around가 따라와서) 바보 같은 행동을 하다. 시간을 낭비하다.

n. 명사

1. 항문에서 가스를 내보내는 것.

2. 불쾌한 사람.

〔게르만어에서 유래한 고대 영어(feorting이라는 동명사로 기록되어 있음)〕

제 연락처 목록에 "과로하는 화학 괴짜"라고 올라 있는 멋진 친구 안드레아 셀라에게 어마어마한 고마움을 표합니다. 안드레아는 우리 입안에 들어가는 것들의 숨은 이야기를 새로운 방식으로 들려줄 수 있을 거라며 과학을 이용해 음식을 탐구해보라고 알려주었습니다. 몇 년 전 우리는 '방귀학 개론 쇼'라는 공연을 펼치자는 아이디어를 냈는데, 관객들이 배꼽이 빠져라 웃으면서도 여러 분야에 걸친 복잡한 과학을 알아가는 모습을 보며 저희가 아주 특별한 공연을 만들어냈다는 보람을 느낄 수 있었습니다. 저희는 감사하게도 '첼트넘 과학 페스티벌Cheltenham Science Festival'에서부터 '버틀린스Butlins'에 이르기까지 다양한 기관으로부터 제공받은 플랫폼을 통해 즐거운 혼돈을 만들고 지식을 전파할 기회를 얻었습니다(마이크 고돌핀Mike Godolphin에게 특히 감사드립니다).

과학과 관련해 이렇게 활발한 소통이 일어날 수 있다는 점은 영국의 큰 자랑거리가 아닐까 생각합니다.이 책과 관련해 방귀를 좋아하는 많은 분들이 여러모로 도움을 주셨습니다. 헤더 피츠케, 마크 리스고Mark Lythgoe, 모하메드 사디크, 크리스

클라크Chris Clarke, 휴 우드워드Hugh Woodward, 찰리 토리블Charlie Torrible, 테오 블라섬Theo Blossom, 필립 우들랜드, 앨릭스 메니스, 스티브 피어스Steve Pearce, 폴 맥나이트Paul McKnight, 이완 베일리Ewan Bailey, 브로디 톰슨Brodie Thomson, 엘리자 해즐우드Eliza Hazlewood, 잰 크록슨Jan Croxson, 보라 가슨Borra Garson, 로이스 레프트위치Louise Leftwich, 니콜라스 카루소, 대니엘라 라바이오오이티, 셸리 마텔리Shelli Martelli, 지나 콜린스Gina Collins 모두 감사드립니다.

방귀에 대한 저의 괴상한 집착 때문에 출판사의 명성이 더러워지는 것(그리고 팀원들 앞에서 방귀를 뀌는 것)도 용인해주었던 세라 라벨Sarah Lavelle과 해리엇 웹스터Harriet Webster, 케이시 스티어Kathy Steer를 비롯해 이 책이 나오도록 힘써주신 Quadrille 출판사의 모든 분들께 깊이 감사드립니다. 멋진 디자인을 해준 루크 버드Luke Bird도 감사합니다.

사랑하는 세 여인 데이지Daisy, 파피Poppy, 조지아Georgia에게도 고맙습니다. 이 책을 만드는 동안 정말 끔찍하고도 끔찍한 냄새를 많이 풍겨서 미안했어요.

그리고 마지막으로 저의 공연을 찾아와 저희 팀이 무대에서 역겨운 과학 쇼를 펼치는 동안 실컷 웃어주셨던 훌륭한 관객분들에게 깊이 감사드립니다. 사랑해요!

찾아보기

| ㅇ |

| ㅎ |

| A ~ Z |

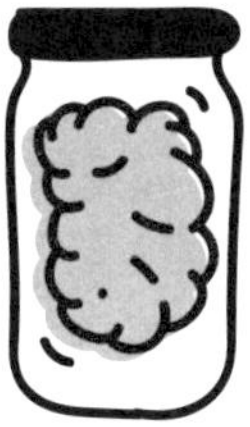

옮긴이 이지연

서울대학교 철학과를 졸업 후 삼성전자 기획팀, 마케팅팀에서 일했다. 현재 전문 번역가로 활동 중이다. 옮긴 책으로는 『위험한 과학책』 『인간 본성의 법칙』 『제로 투 원』 『만들어진 진실』 『카피 공부』 『파괴적 혁신』 『기하급수 시대가 온다』 『빅데이터가 만드는 세상』 『리더는 마지막에 먹는다』 『인문학 이펙트』 『토킹 투 크레이지』 『빈곤을 착취하다』 『우주에 관한 거의 모든 것』 『평온』 『매달리지 않는 삶의 즐거움』 『다크 사이드』 『포제션』 등이 있다.

방귀학 개론

초판 발행 2019년 10월 1일

지은이 스테판 게이츠
옮긴이 이지연
펴낸이 김정순
편집 장준오 허영수
디자인 김수진
마케팅 김보미 임정진

펴낸곳 (주)북하우스 퍼블리셔스
출판등록 1997년 9월 23일 제406-2003-055호
주소 04043 서울시 마포구 양화로 12길 16-9(서교동 북앤빌딩)
전자우편 henamu@hotmail.com
홈페이지 www.bookhouse.co.kr
전화번호 02-3144-3123
팩스 02-3144-3121

ISBN 979-11-6405-043-7 03400

해나무는 (주)북하우스 퍼블리셔스의 과학 브랜드입니다.

이 도서의 국립중앙도서관 출판시도서목록(CIP)은 서지정보유통지원시스템 홈페이지(http://seoji.nl.go.kr)와 국가자료공동목록시스템(http://www.nl.go.kr/kolisnet)에서 이용하실 수 있습니다.
(CIP제어번호: CIP2019035276)

PFFT